3D打印系列教材

普通高等教育"十三五"规划教材

3D打印
——Geomagic Wrap
逆向建模设计实用教程

刘然慧　袁建军　等 编著

化学工业出版社

·北京·

内容提要

《3D 打印——Geomagic Wrap 逆向建模设计实用教程》应用 Geomagic Wrap 2017 软件，系统地讲述了 Geomagic Wrap 软件的基本操作、点云数据处理、曲线编辑、多边形阶段处理、精确曲面阶段处理和形状阶段的高级阶段处理，并讲授了 Geomagic Wrap 的分析模块，同时，为了帮助读者更好地应用本软件，本书还提供了 5 个应用案例。本书配套有模型点云数据和教学视频可供读者下载学习使用。

《3D 打印——Geomagic Wrap 逆向建模设计实用教程》可作为机械设计制造及其自动化、机械电子工程、材料科学与工程、机电产品逆向设计等专业本科学生教学用书，兼顾高等专科学校和高等职业学校相关专业的教学用书，同时也可供广大机械制造、材料成型、医疗器械、服装设计等领域专业人士参考。

图书在版编目（CIP）数据

3D打印：Geomagic Wrap逆向建模设计实用教程/
刘然慧等编著 . —北京：化学工业出版社，2020.7（2023.3重印）
3D打印系列教材
ISBN 978-7-122-36669-6

Ⅰ.①3… Ⅱ.①刘… Ⅲ.①立体印刷-印刷术-计算
机辅助设计-应用软件-高等学校-教材 Ⅳ.①TS853-39

中国版本图书馆CIP数据核字（2020）第079948号

责任编辑：刘丽菲　　　　　　　　　　　装帧设计：关　飞
责任校对：刘　颖

出版发行：化学工业出版社（北京市东城区青年湖南街13号　邮政编码100011）
印　　装：北京印刷集团有限责任公司
787mm×1092mm　1/16　印张12　字数294千字　2023年3月北京第1版第3次印刷

购书咨询：010-64518888　　　　售后服务：010-64518899
网　　址：http://www.cip.com.cn
凡购买本书，如有缺损质量问题，本社销售中心负责调换。

定　　价：59.80元

本书编著团队

组织编写单位：山东科技大学

其他参与单位：滕州市安川自动化机械有限公司

山东省泰安市泰山区教育局

江西机电职业技术学院

江西冶金职业技术学院

青岛西海岸新区高级职业技术学校

鱼台职业中等专业学校

江西机电职业技术学校

高密市技工学校

泰安市岱岳区职业中等专业学校

编著人员：刘然慧　袁建军　谷连旺　王　涛

郭凡灿　栾亨宣　苏　娇　邹先岳

孙德杰　邹宗峰　逄浩然　闫庆月

顾　晓　邹新斌　潘　山　孙振全

前　言

　　3D打印技术目前已被广泛应用于航空航天、工业制造、工程建筑、医疗卫生、电工电子、考古艺术、休闲娱乐、科学教育等诸多领域，真正走进了我国经济建设的各行各业，特别是制造业。但是关于3D打印技术的书籍并不多（特别是3D打印最关键的部分——3D建模），这成为普通人学习和使用该技术的瓶颈。

　　2017年，Geomagic公司推出了全新的三维扫描数据处理软件Geomagic Wrap 2017，这也是截至目前该软件的最新版本，但国内尚没有关于此软件的教材出版。

　　Geomagic Wrap 2017是一款功能非常强大的3D建模数据处理软件，同时也是一款具有优异功能的，能帮助读者更简单、更精准地进行3D建模设计的建模软件。由于该软件功能极其强大、命令种类繁多，为了帮助初学者克服学习中的困难，我们编著了此教材。

　　本书"注重理论、强化实践、通俗易懂、容易吸收"，试图从初学者的需求角度，以制作3D模型、打印3D作品为依托，引导读者全面掌握和使用该建模软件。本书力求体现"从整体到局部，从粗到精，从易到难，循序渐进"的编写风格。一个实例重点学习一类操作，通过各个实例，全面掌握所有命令。

　　本书的特点是：坚持基本性，着重应用性，增强适应性，突出重点，力求系统。

　　本书阐述了三维扫描系统的使用及Geomagic Wrap 2017的基本操作、点云数据处理、曲线编辑、多边形阶段处理、精确曲面阶段处理、形状阶段的高级阶段处理和分析模块，并结合设计案例进行了实际操作演示，具有较强的实际应用价值和参考价值。本书可作为从事机械设计制造及其自动化、机械电子工程、材料科学与工程、机电产品逆向设计等本科学生教学用书，兼顾高等专科学校和高等职业学校相关专业的教学用书，同时也可供广大机械制造、材料成型、医疗器械、服装设计等领域专业人士参考。本书将产品创新设计与创新性思维培养融为一体，使读者从有趣的实例中领会创新性思维方法的奥秘。

　　本书案例配套有点云数据文件及教学视频，相关程序文件及教学视频可发邮件至tdprintgeomagic@l63.com获取。

　　由于编著者水平和经验有限，加之时间紧迫，书中难免存在不足之处，敬请广大读者不吝指正。

　　本书配套资源（点云文件及视频教程）展示如下。

第4章点云文件	10.1 门板教程
第5章点云文件	10.2 气道教程
第6章点云文件	10.3 挡块教程
第7章点云文件	
第8章点云文件	
第9章点云文件	
第10章教程源文件	10.4 小白兔教程
第10章视频教程	10.5 踯躅球教程

编著者
2020年5月

目　录

第1章

绪 论

1.1 逆向工程简介

1.1.1 引言

目前，逆向工程作为一种先进的设计方法已经被引入到新产品的设计开发工作中。产品研发人员应用逆向工程技术，对已有产品的结构进行改进，以避免进行艰难的原型设计，这是对已有产品的逆向设计过程。所谓逆向工程，就是通过观察和测试某一种现有产品，对其进行初始化，然后拆分产品，逐一分析单个零件的组成、功能、装配公差和制造过程。这些工作的目的就是要改善产品的性能、改进产品的制造过程，并以此为基础在子系统和零件层面上，优化设计出一种更好的产品。目前国内外的许多院校开设了逆向工程技术课程，教授学生用逆向设计代替原型设计，作为传统产品设计的一种补充方法。近年来，在机械制造、医疗器械、航空航天、电子产品、工艺美术、考古等领域，人们越来越多地采用逆向设计来部分代替原型设计。

1.1.2 逆向工程的概念

逆向工程（Reverse Engineering，RE）是对产品设计过程的一种描述，是一种产品设计技术再现过程，即对一项目标产品进行逆向分析及研究，从而演绎并得出该产品的处理流程、组织结构、功能特性及技术规格等设计要素，以制作出功能相近，但又不完全一样的产品。逆向工程源于商业及军事领域中的硬件分析，其主要目的是在不能轻易获得必要的生产信息的情况下，直接从成品分析，推导出产品的设计原理。

在工程技术人员的一般概念中，产品设计过程是一个从无到有的过程。设计人员首先构思产品的外形、性能和大致的技术参数等，然后利用CAD技术建立产品的三维数字化模型，最终将这个模型转入制造流程，完成产品的整个设计制造周期，这样的产品设计过程我们可以称之为"正向设计"。逆向工程则是一个"从有到无"的过程，简单地说，逆向工程就是根据已经存在的产品模型，反向推出产品的设计数据的过程。

随着计算机技术在制造领域的广泛应用，特别是数字化测量技术的迅猛发展，基于测量数据的产品造型技术成为逆向工程技术关注的主要对象。通过数字化测量设备获取的物体表面的空间数据，需要经过逆向工程技术的处理才能获得产品的数字模型，进而输送到

CAM 系统完成产品的制造。因此，逆向工程技术可以认为是"将产品样件转化为 CAD 模型的相关数字化技术"和"几何模型重建技术"的总称。逆向工程的实施过程是多领域、多学科的协同过程。

逆向工程可能会被误认为是对知识产权的严重侵害，但是在实际应用上，反而可能会保护知识产权所有者。例如在集成电路领域，如果怀疑某公司侵犯知识产权，可以用逆向工程技术来寻找证据。在美国及其他许多国家，产品或生产方法都受商业秘密保护，只要合理地取得产品或生产方法就可以对其进行逆向工程。专利需要把发明公开发表，因此专利不需要逆向工程就可进行研究。

1.1.3 逆向工程的分类

从广义讲，逆向工程可分以下三类。

（1）实物逆向

顾名思义，它是在已有实物的条件下，通过试验、测绘和分析，提出再创造的关键；其中包括功能、性能、方案、结构、材质、精度、使用规范等多方面的逆向。实物逆向对象可以是整机、部件、组件和零件。

（2）软件逆向

产品样本、技术文件、设计书、使用说明书、图纸、有关规范和标准、管理规范和质量保证手册等均称为技术软件。软件逆向有三类情况：①既有实物，又有全套技术软件；②有实物而无技术软件；③无实物，仅有全套或部分技术软件。

（3）影像逆向

无实物，无技术软件，仅有产品相片、图片、广告介绍、参观印象和影视画面等，要通过构思、想象来逆向，称为影像逆向，这是逆向工程中难度最大的。影像逆向本身就是创新过程，一般要利用透视变换和透视投影形成不同透视图，从外形、尺寸、比例和专业知识等方面，去琢磨其功能和性能，进而分析其内部可能的结构。

1.1.4 逆向工程技术的应用领域

逆向工程已成为联系新产品开发过程中各种先进技术的纽带，并成为消化、吸收先进技术，实现新产品快速开发的重要技术手段，其主要应用领域如下。

（1）对产品外形美学有特别要求的领域

由于设计师习惯于依赖三维实物模型对产品设计进行评估，因此产品几何外形通常不是应用 CAD 软件直接设计的，而是首先制作木质或黏土的全尺寸模型或比例模型，然后利用逆向工程技术重建产品数字化模型。

（2）需试验的工件模型

当设计需经试验才能定型的工件模型时，通常采用逆向工程的方法。例如航空航天、汽车等领域，为了满足产品对空气动力学的要求，需进行风洞等试验建立符合要求的产品模型。此类产品通常是由复杂的自由曲面拼接而成的，最终借助逆向工程，转换为产品的三维 CAD 模型并最终制成模具。

（3）模具行业

模具行业常常需要反复修改原始设计的模具型面。先对实物通过数据测量与处理产生与实际相符的产品数字化模型，后对模型进行修改再加工，将显著提高生产效率。因此，逆向工程在改型设计方面可发挥正向设计不可替代的作用。

（4）损坏或磨损零件的还原

当零件损坏或磨损时，可以直接采用逆向工程的方法重构出 CAD 模型，对损坏的零件表面进行还原和修补。由于被测零件表面的磨损、损坏等因素，会造成测量误差，这就要求逆向工程系统具有推理和判断能力，例如，对称性、标准尺寸、平面间的平行和垂直等特性。最后，加工出零件。

（5）数字化模型检测

对加工后的零件，进行扫描测量，再利用逆向工程法构造出 CAD 模型，通过将该模型与原始设计的 CAD 模型在计算机上进行数据比较，可以检测制造误差，提高检测精度。

（6）生物应用

借助于工业 CT 技术，逆向工程不仅可以产生物体的外部形状，而且可以快速发现、定位物体的内部缺陷。

（7）其他应用

在文物及艺术品修复、消费性电子产品等制造行业，甚至在休闲娱乐行业也可发现逆向工程的痕迹。另外在医学领域逆向工程也有其应用价值，如人工关节模型的建立等。

1.2 Geomagic Wrap 软件简介

Geomagic Wrap 是一款功能非常强大的 3D 建模数据处理软件。读者可以将需要处理的 3D 扫描数据导入到这款软件中，Geomagic Wrap 就会快速将导入进来的数据迅速转换成可以直接用于 3D 建模的文件。所以，Geomagic Wrap 是一款具有优异功能的能帮助读者更简单、更精准地进行 3D 建模设计的建模软件。

Geomagic Wrap 是 Geomagic 公司全新推出的三维扫描数据处理及 3D 模型数据转换应用工具，其强大的功能可在几分钟内完成三维扫描、片面处理、曲面创建等工作流程，支持 WRP、IGES、X_T、SAT、PRC、Step 等多种主流的文件导出格式，被广泛应用于航空航天、工业制造、工程建筑、医疗卫生、电工电子、考古艺术、休闲娱乐、科学教育等诸多领域。它可提供业界最为强大的工具箱，包括点云和多边形编辑功能以及强大的造面工具，可根据任何实物零部件通过扫描点云自动生成准确的数字模型。

Geomagic Wrap 支持业内种类最多的非接触 3D 扫描和探测设备，并允许用户以 3D 扫描数据进行点云编辑及快速创建精确的多边形模型，同时其强大的重分格栅工具还可帮助我们从杂乱的扫描数据中创建整齐的多边形模型。与其他扫描数据处理软件相比，它最大的优点在于"可利用三维成像进行分析，并可进行卡通绘制和电影制作"，软件可利用 3D 扫描快速制作实体物件的 3D 水密模型，并可使用模型来执行高级功能比如有限元素分析和计算流体动力学等，与此同时视觉效果设计师和动画师还可以在 Maya、3ds Max 和其他更多软件中使用这些 3D 模型。

1.3.1 主要功能

（1）3D 工作流带来革命性的变化

Geomagic Wrap 能够以最为易用、低成本、快速而精确的方式从点云过渡到可立即用于下游工程、制造、艺术和工业设计等的 3D 多边形和曲面模型。作为 3D 数字线程中的一个部分，Geomagic Wrap 所提供的数字工具可以帮助创建能够在 3D 打印、铣削、存档和多个其他 3D 用途中直接使用的准确数据。

Geomagic Wrap 所包含的高级精确造面工具能够提供强大、易用的建模功能，构建出3D 模型。可用脚本和宏功能在逆向工程流程中实现重复任务功能的自动化，从而准确、轻松地构建出可用的 3D 数据。

Geomagic Wrap 可以转换读者的点云数据和探测数据，并将导入的 3D 格式（STL、OBJ 等）混合到 3D 多边形格栅和曲面模型中立即使用。

（2）艺术与雕塑

艺术家或雕塑家在三维设计环境下使用 Geomagic Wrap，以标准格式提供精确的水密3D 数据，使用 3D 技术将易碎品或遭受侵蚀损坏的古董归档或复原。图 1-1 所示为创作精美的艺术作品。

（3）利用三维成像进行卡通绘制和电影制作

利用 3D 扫描快速制作实体物件的准确 3D 水密模型，如图 1-2 所示，并使用模型来执行高级功能，比如有限元分析和计算流体动力学。另外，视觉效果设计师和动画师可以在Maya、3ds Max 和其他更多软件上使用这些 3D 模型。

图 1-1　其艺术作品

图 1-2　3D 水密模型

（4）考古学

考古学家可以利用 3D 技术和 Geomagic Wrap 来存档或分析岩石画或古老的标记，这些常常是肉眼无法发现的。在 Geomagic Wrap 以及 3D 打印技术的帮助下，学生或博物馆的观众可以在不用触碰艺术品本身的情况下感受古老的手工艺品，如图 1-3 所示。

Geomagic Wrap 的工具箱包含了点云和多边形编辑功能以及强大的造面工具，它们能够帮助大家更快地创建高质量的 3D 模型，只需数分钟即可完成逼真的渲染效果。在使用 Geomagic Wrap 的同时，还可以使用 3D Systems KeyShot 软件进行有效的渲染。Geomagic Wrap 的设计与 3D Systems KeyShot 的渲染结合，会为作品带来令人惊叹的效果。

（5）亮点功能

Geomagic Wrap 2017 和以前版本相比，新增加了许多亮点功能，包括新的 UV 调整工具、折角选择功能、DXF 雕刻工具、特征 UV 绘图工具、纹理面尺寸工具、点云 - 多边形展开功能等。

亮点 1：调整 UV。调整 UV 是新功能，在编辑包裹特定模型的 UV 纹理贴图时非常有用。用新的 UV 调整工具移动、变形、旋转、单轴缩放、等比缩放和旋转，如图 1-4 所示。

图 1-3　古老手工艺品 3D 模型　　　　　图 1-4　调整 UV

亮点 2：折角选择。折角选择工具是 Geomagic Wrap 的新工具，单击鼠标即可实现动态扩大或缩小选择区域，如图 1-5 所示。

亮点 3：DXF 雕刻。DXF 雕刻是雕刻工具的新功能，能导入 DXF 文件对面片雕刻。这对于应用公司 LOGO、QRC 代码、自定义字体或特殊图案到面片中使模型更加独特非常有用，如图 1-6 所示。

亮点 4：特征 UV。特征 UV 是纹理贴图工具里的新工具，允许用户创建独特的纹理图案，浏览和编辑都很简单。模型的多个曲面可以分别贴合一个特征，控制特定区域，让用户完全掌控纹理贴图，如图 1-7 所示。

亮点 5：纹理面尺寸。纹理面尺寸是 Geomagic Wrap 的新功能，用在控制纹理贴图模型的修补上非常实用，如图 1-8 所示。

图 1-5　折角选择工具　　　　　　　　　图 1-6　DXF 文件

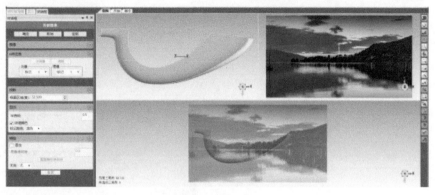

图 1-7　特征 UV

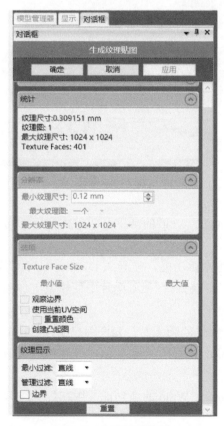

图 1-8　生成纹理贴图

图 1-9　点云 - 多边形展开

亮点 6：点云 - 多边形展开。展开工具从其中心轴打开一个旋转点或多边形文件，并依据初始文件几何特性，从具有特征轴定义的文件开始（使用这个命令必须定义旋转轴）。展开功能也能用在多边形，将部件旋转轴对齐到系统 Z 轴，如图 1-9 所示。

1.3.2 Geomagic Wrap 2017 的主要特点

（1）Geomagic Wrap 2017 是业界最快、最易于使用的解决方案，将自动智能工具可视化和转化点云数据到可用的 3D 模型。

（2）Geomagic Wrap 2017 支持业内种类最多的非接触 3D 扫描和探测设备 non-contact 3D scanning and probe devices。

（3）Geomagic Wrap 2017 基于 3D 扫描数据进行点云编辑并快速创建精确的多边形模型；强大的重分格栅工具可从杂乱的扫描数据中创建整齐的多边形模型；Geomagic Wrap 2017 是可用于孔填充、平滑化、修补和不透水模型创建的多边形编辑工具。

（4）使用来自 Geomagic Wrap 的数据进行 3D 打印、快速成型和制造。

（5）扩展的精确曲面创建工具提高了对于曲面质量和布局的控制，并实现了对 NURBS 补丁布局、曲面质量和连续性的完全控制。

（6）在 KeyShot 中快速完成数据渲染，使设计作品拥有令人惊叹的照片般的视觉效果。

（7）从扫描数据应用程序的多边形设计主体中提取曲线和硬质要素。

（8）强大的脚本工具能够对 Geomagic Wrap 现有功能进行极大地扩展并实现程序的完全自动化。

（9）使用简单、全面的精确曲面创建界面将模型的精确曲面创建导入到 NURBS 中。

第**2**章

三维扫描系统

三维扫描仪 (3D scanner) 是一种测绘仪器，用来侦测并分析现实世界中物体或环境的形状 (几何构造) 与外观数据 (如颜色、表面反照率等性质)。

搜集到的数据常被用来进行三维重建计算，在虚拟世界中创建实际物体的数字模型。这些模型具有相当广泛的用途，举凡工业设计、瑕疵检测、逆向工程、机器人导引、地貌测量、医学信息、生物信息、刑事鉴定、数字文物典藏、电影制片、游戏创作素材等都可见其应用。

2.1 三维扫描仪的定义与分类

2.1.1 三维扫描仪的定义

三维扫描仪，是快速获取物体的立体彩色信息并将其转化为计算机能直接处理的三维数据的仪器，即：快速实现三维信息数字化的一种极为有效的工具。

2.1.2 三维扫描仪的分类

根据测量探头是否和零件表面接触，一般可分为接触式三维扫描仪和非接触式三维扫描仪。

（1）接触式三维扫描仪

根据测头的不同，接触式三维扫描仪又可分为触发式和连续式。坐标测量机即典型的接触式三维扫描仪，其中应用最为广泛的三坐标测量机是 20 世纪 60 年代发展起来的新型高效精密测量仪器，是有很强柔性的大型测量设备。

接触式三维扫描仪通过实际触碰物体表面的方式计算深度，此方法相当精确，常被用于工程制造产业，然而因其在扫描过程中必须接触物体，待测物有遭到探针破坏损毁的可能，因此不适用于高价值对象（如古文物、遗迹等）的重建作业。此外，相较于其他方法，接触式扫描需要较长的时间，现今最快的坐标测量机每秒能完成数百次测量，而三维激光扫描仪一般可以达到每秒 5000～10000 次测量，光栅式三维扫描仪则采用面光，扫描速度更是达到了每秒百万次以上。

接触式三维扫描仪的优点是具有较高的准确性和可靠性，配合测量软件，可快速准确地测量出物体的基本几何形状。其缺点是测量费用较高；探头易磨损且容易划伤被测物体表面；测量速度慢；检测一些内部元件有先天的限制；测量时，接触探头的力将使探头尖端部分与被测件之间发生局部变形而影响测量值的实际读数；由于探头触发机构的惯性及时间延迟而使探头产生超越现象，趋近速度会产生动态误差。

（2）非接触式三维扫描仪

非接触式三维扫描仪又分为激光式和光栅式（也称拍照式）。激光式三维扫描仪又有点激光、线激光、面激光的区别，而光栅式三维扫描仪又有白光扫描和蓝光扫描之分。

激光式扫描仪属于较早的产品，由扫描仪发出一束激光光带，光带照射到被测物体上并在被测物体上移动时，就可以采集出物体的实际形状。

光栅式三维扫描仪因其扫描原理类似于照相机拍摄照片而得名，是为满足工业设计行业应用需求而研发的新一代扫描仪，它以非接触三维扫描方式工作，全自动拼接，具有高效率、高精度、高寿命、高解析度、对物体表面不损伤等优点，特别适用于复杂自由曲面的逆向建模，主要应用于产品研发设计（如快速成型、三维数字化、三维设计、三维立体扫描等）、逆向工程（如逆向扫描、逆向设计等）及三维检测等，是产品开发、品质检测的必备工具。

下面以山东省滕州市安川自动化机械有限公司基于工业设计、逆向工程、三维检测、教学实训等应用场景而研发的安川 STSO 三维扫描系统为例来对光栅式三维扫描仪加以介绍。

2.2 光栅式三维扫描仪

2.2.1 光栅式三维扫描仪的特性

光栅式三维扫描仪的用途是创建物体几何表面的点云（point cloud），这些点可用来插补成物体的表面形状，点云越密集创建的模型就越精密（这个过程称为三维重建）。若扫描仪能够取得表面颜色，则可进一步在重建的表面上粘贴材质贴图，亦即所谓的材质印射（texture mapping）。光栅式三维扫描仪可以模拟为照相机，它们的视线范围都体现为圆锥状，信息的搜集皆限定在一定的范围内，两者不同之处在于照相机所抓取的是颜色信息，而光栅式三维扫描仪测量的是距离。安川 STSO 三维扫描仪具体产品特性如下。

（1）高集成度模块化一体式设计：在硬件结构设计上采用压铸成型超硬镁铝合金一体化封闭式设计；机械结构上将集成式传感器镜头模组直接固化到压铸铝结构件上，使光学系统稳定性大大提高；通信接口简化后无需 HDMI 接口，只需 1 个即插即用 USB 接口与电脑通信，使用更加便捷；便携式仪器支架。

（2）在软件上对功能模块进行了高度集成重构，采用了侧浮式交换对话框设计，进一步简化用户操作流程，减少人机交互，用户无需进行繁琐的参数配置，操作过程更加自然流畅；软件免费升级。

（3）无需第三方软件即可独立完成云法线计算，去噪融合，手动对齐，全局注册，网格封装导出 ATL、OBJ、PLY 等标准三维格式，直接导入设计软件、雕刻机和 3D 打印机等。

（4）系统支持智能联动转台全自动扫描，集成了基于物体特征的无标志点拼接模块，支持不贴点全自动拼接，支持具有共同特征的任意角度手动转台自由拼接。

（5）系统采用模块化耦合设计，可提供模块化 SDK 开发接口，方便客制化定制及二次开发。

（6）在电路设计上将 TI-DLP 芯片和传感器芯片进行集成电路设计，传感器直连光栅发生器；集成全局注册和手动注册模块。支持平面标定截取过滤背景数据；智能联动转台全自动扫描。一键去噪补洞，方便快捷。

（7）行硬件同步出发，大大提高通信效率和稳定性；支持不贴点大角度拼接扫描；单帧 0.3s 高速扫描，成型更快，精度更高。

2.2.2 软件安装

2.2.2.1 软硬件准备

软件安装前需准备好如下软硬件组件：

① 安川 STSO 三维扫描系统 V1.0 安装包电子版；

② 扫描仪；

③ 转台；

④ 台式计算机；

⑤ 摄影灯、摄影支架（选配）。

2.2.2.2 软件安装

将 STSO 三维扫描系统安装程序复制到本地目录，执行 Setup.exe 安装程序（建议以管理员权限去执行），弹出安装向导对话窗口，依次执行安装补丁、安装驱动、安装程序，程序会被安装在 C 盘目录，"STSO 3D"快捷方式会被发送到桌面，执行"STSO 3D"快捷方式便可启动三维扫描程序（启动程序前需要打开扫描仪）。

2.2.3 硬件安装

AC 三维扫描仪由扫描头和三脚架组成，如图 2-1 所示。转台如图 2-2 所示。

图 2-1 AC 三维扫描仪

图 2-2 转台

（1）安装三脚架，将三脚架支开，云台紧固把手安装位置如图2-3所示。

（2）将扫描头放置安装在三脚架云台上，由附带的两颗螺丝固定，如图2-4所示。扫描仪后带螺纹的两孔为固定孔，三脚架云台固定孔如图2-5所示。

（3）将转台放置在扫描头下，扫描仪转台分别带有一根电源线和USB线，分别插入电源和电脑USB口，按下扫描仪开关，再打开软件，扫描仪开关在关闭状态下亮蓝光，开启状态不亮光。

图 2-3　三脚架

图 2-4　固定螺丝

图 2-5　固定螺丝孔

2.2.4　操作向导

2.2.4.1　界面介绍

三维扫描系统主要包括打开设备、新建工程、手动扫描、自动扫描、网格化、保存文件、标定转台、标定平面、标定相机、相机设置、系统设置和帮助12项功能，操作界面如图2-6所示。

图 2-6　三维扫描系统操作界面

2.2.4.2 功能说明

（1）打开设备

点击"打开设备"选项，确保设备与软件通信正常，选取要存储的目标文件夹。

（2）新建工程

点击"新建工程"选项，建立新的工程，开始新的扫描或重新扫描。

（3）标定平面

将已经做好贴点标识的卡片放在转台中心位置，点击"标定平面"选项，进行平台标定，如图 2-7 所示。标定完成后不可再移动扫描仪或转台，如果移动，需再次标定。

（4）标定转台

点击"标定转台"选项，进行拼接方式、平面截取、转台旋转角度设置，如图 2-8 所示。标定转台方法：在一张卡片上选取五个不规则的点做好贴点标识，将做好标识的卡片放在转台上，选取标志拼接，点击"确定"选项，等待转台自动标定完成。

图 2-7 "标定平面"对话框

图 2-8 "标定转台"对话框

（5）手动扫描

点击"手动扫描"选项，进行点云设置和拼接方式设置，如图 2-9 所示。

（6）自动扫描

点击"自动扫描"选项，可通过物体颜色进行蓝白光智能切换、点云设置、拼接方式设置、转台旋转角度设置和采样百分比设置，如图 2-10 所示。其中，拼接方式选择特征拼接时，转台旋转角度不得超过 60°；选择标志拼接时，在扫描物体上至少无规律地贴上五个标志点；选择转台拼接时，必须对转台进行标定，建议扫描之前，首先标定平面及转台。

（7）网格化封装

点击"网格化封装"选项，将已经注册好的模型，进行封装。可选取封装质量、格式、顶点颜色（彩色扫描仪）、填充孔等进行设置，如图 2-11 所示。封装好的模型就可以直接导入到三维建模软件或 3D 打印机切片软件中，进行修改或切片打印。

（8）保存数据

点击"保存数据"选项，存储已经扫描的文件到目标文件夹，如图 2-12 所示。

图 2-9 "手动扫描"对话框   图 2-10 "自动扫描"对话框

图 2-11 "网格化封装"对话框

（9）相机标定

点击"相机标定"选项，重新标定相机，可选取标定版类型（可控制扫描物体的比例大小），如图 2-13 所示。

（10）相机设置

点击"相机"选项，进行投影、亮度、曝光时间设置，如图 2-14 所示。

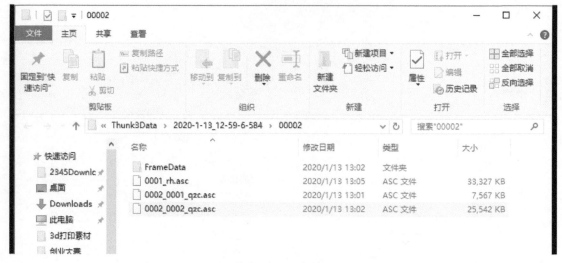

图 2-12 保存数据

图 2-13 "相机标定"对话框

图 2-14 "相机"对话框

（11）系统配置

功能项可设置平面截取、顶点色彩、网格色彩以及填充孔。封装质量，分为高、中、低。设置转台等待时间、转台旋转角度、数据采样百分比、色彩融合参数以及存储目标文件夹，如图 2-15 所示。

2.2.4.3 标定操作

标定操作分为相机标定、转台标定、平面标定。

（1）相机标定

① 接通电源，开启扫描仪开关；

② 启动 STSO 三维扫描系统软件；

③ 调整扫描仪中线与地面相互垂直，如图 2-16 所示；

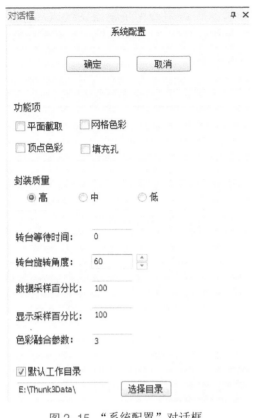

图 2-15 "系统配置"对话框

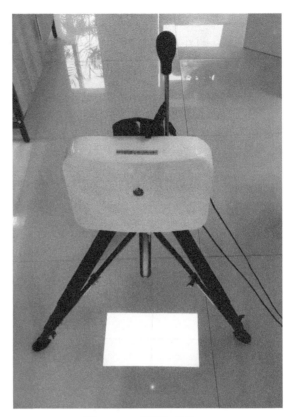

图 2-16 调整扫描仪

④ 点击"相机设置"选取"十字"模式，根据模型具体情况调节亮度和曝光度，如图2-17所示；

⑤ 观察软件中，绿色的十字线与黑色十字线的位置，调整到两条十字线偏差最小的状态，如图 2-18 所示，调整完成后调节扫描头的上下距离；

图 2-17 相机"十字"模式设置

图 2-18 调整十字线

⑥ 将标定板放在下方，保证标定板上的点均在镜头内，中心十字穿过四个大点，相邻两个大点朝外，如图 2-19 所示，然后点击软件中相机标定，标定板的类型默认 XHCV-CB10MM，表示物体比例为 1∶1，然后点击标定，如图 2-20 所示。

图 2-19　设置标定板

图 2-20　标定板类型

标定板调整操作步骤如下。

a. 将标定板水平放置并与相机视角保持垂直方向，首先将绿色十字与灰色十字调至重合，然后尽量使绿色十字与标定板的中线重合，点击"下一步"，如图 2-21 所示。

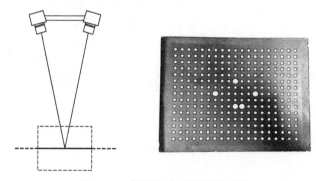

图 2-21　标定板水平放置示意图

b. 以标定板右侧为轴旋转 20°～30°，尽量使绿色十字与标定板的中线重合，点击"下一步"，如图 2-22 所示。

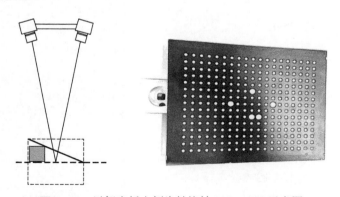

图 2-22　以标定板右侧为轴旋转 20°～30° 示意图

c. 以标定板左侧为轴旋转 20°～30°，尽量使绿色十字与标定板的中线重合，点击"下一步"，如图 2-23 所示。

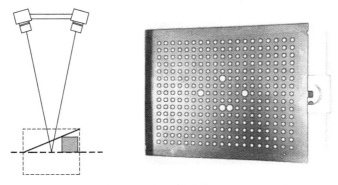

图 2-23 以标定板左侧为轴旋转 20°～30° 示意图

　　d. 以标定板前侧为轴旋转 20°～30°，尽量使绿色十字与标定板的中线重合，点击"下一步"，如图 2-24 所示。

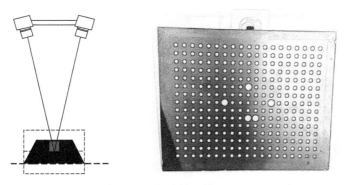

图 2-24 以标定板前侧为轴旋转 20°～30° 示意图

　　e. 以标定板后侧为轴旋转 20°～30°，尽量使绿色十字与标定板的中线重合，点击"下一步"，如图 2-25 所示。

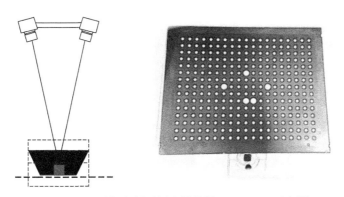

图 2-25 以标定板后侧为轴旋转 20°～30° 示意图

　　f. 直接点击"下一步"，自动计算标定误差，如图 2-26 所示。
　　（2）转台标定
　　在一张卡片上选取 3～5 个不规则的点做好贴点标识，然后将卡片放在转台上，选取标志拼接，不选平面截取，点击"确定"选项，等待转台自动标定完成，如图 2-27 所示。调

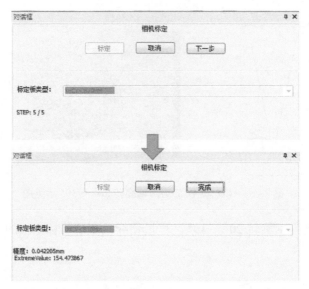

图 2-26　自动计算标定误差

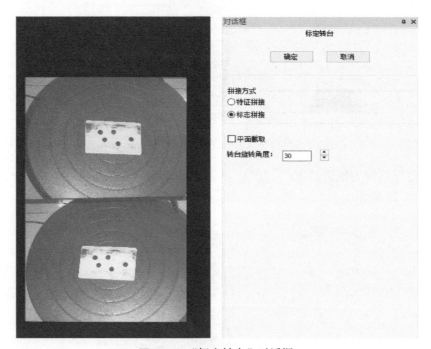

图 2-27　"标定转台"对话框

整完成后，点击确定，等待转台自动调整完成后，可开始扫描。如在此过程中转台或相机移动，需再次调整。

（3）平面标定

首先在卡片上做好 3～5 个不规则的贴点标识，将已做好贴点标识的卡片放在转台中心位置，点击"标定平面"选项，进行平台标定，如图 2-28 所示。标定完成后不可再移动扫描仪或转台，如果移动，需再次标定。如不勾选平面截取则扫描过程中平台会默认为模型物体，一般需要勾选平面截取。

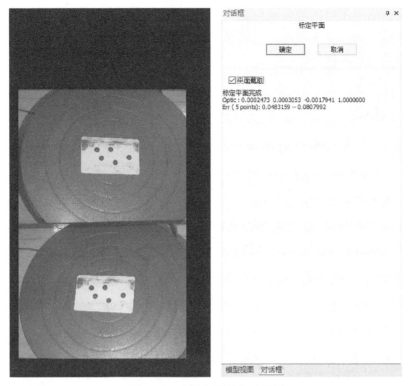

图 2-28 "标定平面"对话框

2.2.5 扫描

将模型放在转台中心位置，点击"自动扫描"选项，选取转台拼接，转台旋转角度可根据模型实际情况自行调整，如图 2-29 所示。

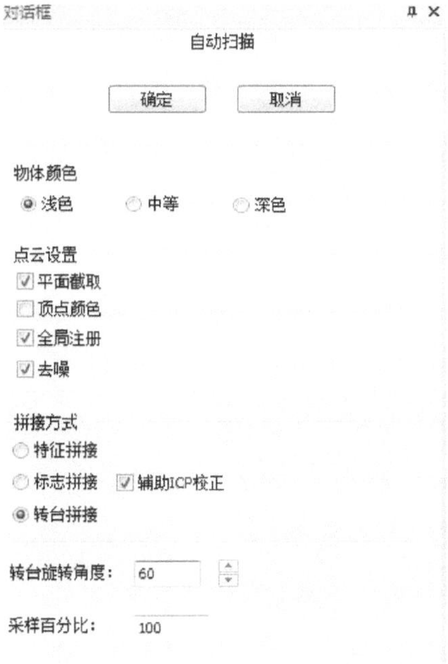

图 2-29 "自动扫描"对话框

设置转台旋转角度时，要依据扫描物体的细节程度而定，一般细节较多时旋转较多，角度设置小一些，反之要大一些。设置采样百分比时，要依据扫描物体的复杂程度而定，物体复杂时可设置较低百分比，反之高一些。自动扫描选项中的物体颜色选择，根据扫描物体的颜色深浅而定。

2.2.6 注册

扫描完成后，在模型视图对话框中，会显示扫描分组数据和融合数据，选取融合数据，如图2-30所示。

右击鼠标，选取"手动注册"选项，如图2-31所示。根据模型扫描情况，确定固定与浮动文件，在固定与浮动文件上，找到扫描中重合的面，在这个面上至少选取三个相同位置的点，鼠标右键点击选中。注意要在两个文件上选取，不要有太大偏差，并确定每两个相同位置的点，颜色相同，如图2-32所示。

图2-30　融合数据

图2-31　"手动注册"对话框

图2-32　固定与浮动文件

点击"注册"选项，注册完成后，观察模型文件是否完好，确定后，点击"融合"，如图 2-33 所示。

2.2.7 网格化（封装）

点击"网格化"选项，将已经注册好的模型，进行封装。可选取封装质量、格式、顶点颜色（彩色扫描仪）、填充孔等设置，如图 2-34 所示。封装好的模型就可以直接导入到三维建模软件或 3D 打印机切片软件中，直接修改或切片打印。

图 2-33 "融合"后的对话框

图 2-34 "网格化封装"对话框

第3章

Geomagic Wrap 基本操作

3.1 Geomagic Wrap 软件操作流程 ▶▶▶

　　Geomagic Wrap 逆向设计的基本原理是对由若干细小的空间三角形组成的多边形模型进行网格化处理，生成网格曲面，进而通过拟合出的 NURBS 曲面或 CAD 曲面来逼近还原实体模型，采用 NURBS 曲面片拟合出 NURBS 曲面模型。Geomagic Wrap 软件建模的具体流程由"数据采集""数据处理""曲面建模""输出"四个前后联系紧密的阶段来进行，如图 3-1 所示。

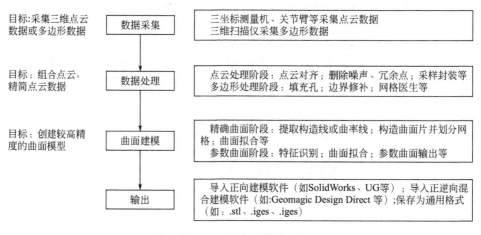

图 3-1　逆向建模流程

　　整个建模操作过程主要包括点阶段、多边形阶段和曲面阶段。点阶段主要是对点云进行预处理，包括删除噪声、冗余点和点云采样等操作，从而得到一组整齐、精简的点云数据。多边形阶段的主要作用是对多边形网格数据进行表面光顺与优化处理，以获得光顺、完整的多边形模型。曲面建模可分为精确曲面阶段和参数曲面阶段两个流程。精确曲面阶段主要作用是对曲面进行规则的网格划分，通过对各网格曲面片的拟合和拼接，拟合出光顺的 NURBS 曲面；参数曲面阶段的主要作用是通过分析设计目的，根据原创设计思路定义各曲面特征类型，进而拟合出 CAD 曲面。

3.2 Geomagic Wrap 命令模块介绍

　　Geomagic Wrap 主要包括九个命令模块：基础命令模块、采集命令模块、分析命令模块、特征命令模块、点处理命令模块、多边形处理命令模块、精确曲面命令模块、参数化曲面命令模块和曲线命令模块。

3.2.1 基础命令模块

　　此模块的主要作用是给软件操作人员提供基础的操作环境，包含的主要功能有文件存取、处理对象选取、显示控制及数据结构等。

3.2.2 采集命令模块

　　此模块的主要作用是通过特定的测量方法和设备，将被测物体表面形状转化为若干几何空间坐标点，从而得到逆向建模以及尺寸评价所需的数据。包含的主要功能有：
　　① 移动硬件设备、快速对齐、坐标转换和温度补偿；
　　② 选择特征类型，快速创建特征；
　　③ 使用硬测头采集，快速实现特征之间的测量；
　　④ 重新使用已定义投影曲面。

3.2.3 分析命令模块

　　此模块的主要作用是以点云数据或多边形数据模型为参考，对曲面模型进行误差分析，获取偏差分析图，并对所建曲面模型进行修改，提高逆向建模的精度。包含的主要功能有：
　　① 生成 3D 偏差分析图；
　　② 计算对象上两点间最短距离；
　　③ 计算体积、重心、面积；
　　④ 生成手动选择点的 X、Y、Z 坐标值并将其导出。

3.2.4 特征命令模块

　　此模块的主要作用是在活动的对象上定义一个特征结构体，并对其命名，以作为分析、对齐、修建工具的参考，包含的主要功能有：
　　① 探测特征、创建不同类型的特征；
　　② 编辑、复制、转化特征；
　　③ 在图形区域内切换所有特征的显示方式；
　　④ 参数转换、输出到正向建模软件。

3.2.5 点处理命令模块

　　此模块的主要作用是对导入的点云数据进行处理，获取一组整齐、精简的点云数据，并封装成多边形数据模型，包含的主要功能有：
　　① 导入点云数据、合并点云对象；

② 点云着色；

③ 选择非连接项、体外孤点、减少噪声、删除点云；

④ 添加点、偏移点；

⑤ 对点云数据进行曲率、等距、统一或随机采样；

⑥ 将点云数据三角网格化封装。

3.2.6　多边形处理命令模块

此模块的主要作用是对多边形数据模型进行表面光顺及优化处理，以获得光顺、完整的多边形模型并消除错误的三角面片，提高后续拟合曲面的质量。包含的主要功能有：

① 清除、删除钉状物，砂纸打磨，减少噪声以光顺三角网格；

② 删除封闭或非封闭多边形模型多余三角面片；

③ 填充内、外孔或者拟合孔并清除不需要的特征；

④ 网格医生自动修复相交区域、非流形边、高度折射边，消除重叠三角形；

⑤ 细化或者简化三角面片数量；

⑥ 加厚、抽壳、偏移三角网格；

⑦ 合并多边形对象并进行布尔运算；

⑧ 锐化特征之间的连接部分，通过平面拟合形成角度；

⑨ 选择平面、曲线、薄片对模型进行裁剪；

⑩ 手动雕刻曲面或者加载图片在模型表面形成浮雕；

⑪ 修改边界，并可对边界进行编辑、松弛、直线化、细分、延伸、投影、创建新边界等处理；

⑫ 转换成点云数据或者输出到其他应用程序，做进一步分析。

3.2.7　精确曲面命令模块

此模块的主要作用是通过探测轮廓线、曲率来构造规则的网格划分，准确地提取模型特征，从而拟合出光顺、精确的 NURBS 曲面。包含的主要功能有：

① 自动曲面化；

② 探测轮廓线并对轮廓线进行绘制、松弛、收缩、合并、细分、延伸等处理；

③ 探测曲率线并对曲率线进行手动移动、升级、约束等处理；

④ 构造曲面片并对曲面片进行移动、松弛、修理等处理；

⑤ 移动曲面片，均匀化铺设曲面片；

⑥ 构造格栅并对格栅进行松弛、编辑、简化等处理；

⑦ 拟合 NURBS 曲面并可修改 NURBS 曲面片层，修改表面张力；

⑧ 对曲面进行松弛、合并、删除、偏差分析等处理；

⑨ 转化为多边形或者输出到其他应用程序，做进一步分析。

3.2.8　参数化曲面命令模块

此模块的主要作用是探测区域并对各区域定义特征类型，进而拟合出具有原始设计意图的 CAD 曲面，然后将 CAD 曲面模型发送到其他 CAD 软件中进行进一步参数化编辑。

包含的主要功能有：
① 探测区域，定义所选区域的曲面类型；
② 编辑草图，将所选区域拟合成参数化曲面；
③ 拟合连接曲面；
④ 偏差分析，修复曲面；
⑤ 裁剪缝合各曲面或将各曲面参数交换输出到其他 CAD 软件。

3.2.9　曲线命令模块

此模块的主要作用是对点云阶段和多边形阶段处理所得对象的边界轮廓线或截面轮廓线进行提取并对轮廓线进行二维草图编辑，创建曲线模型，然后将曲线模型输出到正向设计软件，进行后续的正向设计。包含的主要功能有：
① 从截面、边界创建曲线；
② 重新拟合、编辑曲线；
③ 绘制和抽取曲线；
④ 将投影曲线转化为自由曲线或边界线；
⑤ 参数转换、发送到正向建模软件。

3.3　Geomagic Wrap 工作界面

Geomagic Wrap 有两种方法可以启动：第一种方法是单击"开始"菜单中 Geomagic Wrap 程序；第二种方法是双击桌面上 Geomagic Wrap 图标。进入 Geomagic Wrap 后将会看到如图 3-2 所示的工作界面。

图 3-2　Geomagic Wrap 的工作界面

Geomagic Wrap 的工作界面可分为"应用程序菜单""快速访问工具栏""绘图窗口""状态栏进度条""工具栏（分为多个工具组）""管理面板""绘图窗口""状态栏"和"进度条"。

（1）"应用程序菜单"包含文件"新建""打开（直接将文件拖入管理面板，可在同一绘图窗口导入新文件）""导入""保存"等相关命令，如图 3-3 所示。

图 3-3　应用程序菜单

（2）"快速访问工具栏"包含与文件相关的最常用快捷方式，如"打开""保存""撤销"和"恢复"等命令，如图 3-4 所示。

图 3-4　快速访问工具栏

（3）"工具栏"包含按组分类的工具操作组，如图 3-5 所示。

图 3-5　工具栏

（4）"绘图窗口"的开始标签可引导用户新建文档或导入已有数据，工作区建立后，开始界面窗口将跳转到图形显示窗口，如图3-6所示。

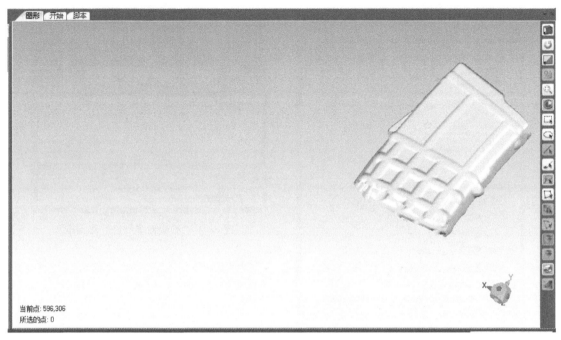

图3-6　图形显示窗口界面

（5）单击面板右上角的按钮，将使所对应的面板自动隐藏到软件的左边，所有面板的名称将显示在软件界面左边的边界上，光标停留在这些名称上时，将使相应的面板临时显示出来，当面板显示出来时，再次单击按钮将使面板窗口恢复到默认状态。

"模型管理器"可显示设计中的每个对象，如图3-7所示。在"模型管理器"中可以对各对象进行显示、隐藏或重命名等操作。还可以同时选中若干对象，进行创建组，对各对象按建模要求进行分类。

图3-7　"模型管理器"面板

"显示"面板可以修改系统参数和对象视觉特性，如"全局坐标系""边界框""几何图形显示"等，如图3-8所示。

"对话框"面板显示当前操作步骤的具体操作内容以及偏差限制，图3-9为"编辑对象颜色"操作对话框。

（6）"状态栏"显示与当前设计的操作有关的提示信息，如图 3-10 所示。

（7）"进度条"显示当前操作已进行的进度，如图 3-11 所示。

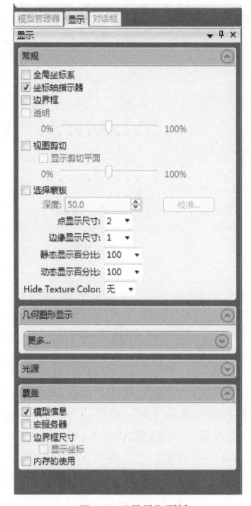

图 3-8　"显示"面板

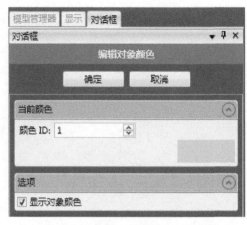

图 3-9　"编辑对象颜色"对话框

图 3-10　状态栏

图 3-11　进度条

3.4　Geomagic Wrap 操作方式　▶▶▶

使用 Geomagic Wrap 软件以鼠标操作为主，执行命令时，主要用鼠标单击工具图标，也可以用键盘来输入命令。

3.4.1　鼠标操作

通过功能键和鼠标的特定组合可以快速地选择对象和进行视窗调节，如表 3-1 所示。该表所列的是鼠标键盘控制组合键。

表 3-1　鼠标键盘控制组合键

组合键	命　　令
左键	（1）单击选择用户界面的功能键和激活对象的元素 （2）单击并拖拉激活对象的选中区域 （3）在一个数值栏里单击上下箭头来增大或减小这个值
Ctrl+ 左键	取消选择的对象或区域
Alt+ 左键	调整光源的入射角度和调整亮度
Shift+ 左键	当同时处理几个模型时，设置为激活模型
滚轮 / 中键	（1）缩放，即放大或缩小视窗对象的任一部分，把光标放在要缩放的位置上并使用滚轮 （2）把光标放在数值栏里，滚动滚轮可增大或缩小数值 （3）单击并拖动对象在视窗中旋转 （4）单击并拖动对象在坐标系里旋转
Ctrl+ 中键	设置多个激活对象
Alt+ 中键	平移
Ctrl+Shift+ 中键	移动模型
右键	单击获得快捷菜单，包括一些使用频繁的命令
Ctrl+ 右键	旋转
Alt+ 右键	平移
Shift+ 右键	缩放

3.4.2　快捷键

表 3-2 中所列为默认快捷键。通过快捷键可以迅速地获得某个命令，不需要在菜单栏里或工具栏里选择命令，节省操作时间。

表 3-2　快捷键及其所对应的命令

快捷键	命　　令
Ctrl+N	文件→新建
Ctrl+O	文件→打开
Ctrl+S	文件→撤销
Ctrl+Z	编辑→撤销
Ctrl+Y	编辑→重选
Ctrl+T	编辑→选择工具→矩形
Ctrl+L	编辑→选择工具→线条
Ctrl+P	编辑→选择工具→画笔
Ctrl+U	编辑→选择工具→定制区域
Ctrl+V	编辑→只选择可见
Ctrl+A	编辑→全选
Ctrl+C	编辑→全部不选
Ctrl+D	视图→拟合模型到视窗
Ctrl+F	视图→设置旋转中心
Ctrl+R	视图→重新设置→当前视图
Ctrl+B	视图→重新设置→边界框
Ctrl+X	工具→选项

快捷键	命　令
Ctrl+Shift+X	工具→宏→执行
Ctrl+Shift+E	工具→宏→结果
F1	帮助→这是什么？（放置光标在需求帮助的命令上，然后按F1）
F2	视图→对象→隐藏不活动的项
F3	视图→对象→隐藏/显示下一个
F4	视图→对象→隐藏/显示上一个
F5	视图→对象→选择所有相同项作为活动项
F6	视图→对象→显示全部
F7	视图→对象→隐藏全部
F12	切换开/关的透明度

3.5　视图命令模块 ▶▶▶

视图命令模块包括"对象""设置""定向""导航""标准纹理""面板"等六个命令组，如图3-12所示。

图3-12　视图命令模块操作工具界面

3.5.1　"对象"命令组

"对象"命令组包含的操作命令如下。

（1）"颜色"用于设定活动对象的可见颜色，以帮助区分类型相同的多个对象或者空间内相互叠加的对象。

（2）"隐藏"用于在"图形区域"内隐藏一组对象。

"非活动对象"表示在"图形区域"内隐藏非主动对象。

"所有对象"表示在"图形区域"内隐藏所有对象。

（3）"显示"用于在"图形区域"使一组对象变得可见和活动。

"所有对象"表示在不激活的条件下使"图形区域"的所有对象变得可见。

"下一对象"表示关闭当前可见的对象并激活"模型管理器"中下一个对象。

"前一对象"表示关闭当前可见的对象并激活"模型管理器"中前一个对象。

3.5.2 "设置"命令组

"设置"命令组包含的操作命令如下。

(1)"视图"用于控制出现在"图形区域"内的是整个对象还是所选的对象部分。

"仅限选定项"表示隐藏未选择的部分并将视图编辑放到选择的部分。

"整个模型"表示取消"仅限选定项"的影响,显示全部对象并清除选择部分。

(2)"平面着色"用于利用颜色单独锐化多边形的线条以提高用户区分它们的能力。

"平滑着色"用于使邻近的多边形变得模糊以创建更加平滑的曲面外观。

(3)"平行投影"用于按原模型的样式显示。

"透视投影"表示多边形投影到"图像区域"时,接近的部分图像显示较大,远离的部分较小。

(4)"曲面"可进行"全部曲面"和"封闭曲面"的操作。

"全部曲面"返回显示对象的所有部分,包括闭合和未闭合的部分。

"封闭曲面"限定只显示对象的闭合部分。

(5)"背景格栅"用于允许激活/关闭背景网格。

"背景格栅选项"是切换和修改背景格栅显示属性的工具。

(6)"重置"用于将"图形区域"的各设置选项恢复到出厂设定值。

"重置当前视图"表示移除边界框使对象返回最近选择的"视图"。

"重置所有视图"表示使对象返回最近选择的"视图"(标准视图或用户定义视图)。

"重置边框"重新计算边界框的尺寸(常用于对象尺寸改变后)。

3.5.3 "定向"命令组

"定向"命令组包含的操作命令如下。

(1)"预定义视图"在 Geomagic Wrap 视图命令模块中包含多种视图,依次是"俯视图""仰视图""左视图""右视图""前视图""后视图"和"等测视图",如图 3-13 所示。

选择视图可通过"视图"菜单中的"预定义视图"下拉栏选择所需要的视图,也可以在设计窗口右侧的选择工具条中选择视图命令,如图 3-14 所示,也可以在设计窗口右下角的坐标指示选择视图,如图 3-15 所示。单击鼠标中键自由拖动可自由查看对象。

图 3-13 视图模块中
多种视图

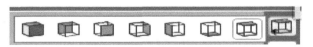

图 3-14 预定义视图

图 3-15 坐标指示

（2）"用户定义视图"允许用户自定义和管理视图，用户定义的视图可补充预定义视图。
"保存"表示将对象的当前定向创建为"自定义视图"，并使用系统生成的名称保存。
"另存为"表示名称以及将对象的当前定向创建为用户定义视图的提示。
"删除"用于移除一个"用户定义视图"。
"删除全部"用于移除所有"用户定义视图"。
（3）"视图布局图"可将"图形区域"分割成多个显示面板。
（4）"法向于"用于调整对象的用户视图，使选择的点距离用户最近。

3.5.4 "导航"命令组

"导航"命令组包含的操作命令如下。
（1）"旋转中心"可在"图形区域"内修改对象旋转中心。
"设置旋转中心"表示将对象的旋转中心设为"图形区域"对象上的一个点。
"重置旋转中心"表示将对象的旋转中心设为其边界框的中心。
"切换动态旋转中心"用于切换运行方式，以在每次开始旋转时通过鼠标单击设定对象的旋转中心。
（2）"适合视图"用于调节可见对象的缩放范围以填充图形区域。

图 3-16 "显示"控制面板

（3）"缩放"可在"图形区域"缩小或放大对象。
（4）"漫游"命令激活时，允许用户使用键盘控制场景向前、向后、向左、向右、向上、向下。
（5）当 Walk Though 模式激活时，"相机位置"允许用户自己定义视角来浏览。

3.5.5 "标准纹理"命令组

"标准纹理"命令组包含的操作命令如下。
（1）"显示"表示激活选择纹理的显示方式。
（2）"选择纹理"指定一种渲染纹理（如斑马线、彩虹、棋盘、电路板、皮革等）。
（3）"转换"用于转换渲染选择的纹理。
"反射"用于在抛光金属变体中渲染选择的纹理。
"标准"表示利用标准外观渲染选择的纹理。

3.5.6 "面板"命令组

"面板"命令组包含的操作命令如下。
（1）"面板显示"能够在 Geomagic Wrap 应用程序窗口切换管理面板的显示方式。
"模型管理器"用于在 Geomagic Wrap 应用程序窗口选择是否打开模型管理器。
"显示"表示在 Geomagic Wrap 应用程序窗口选择是否打开显示面板，可通过"显示"面板快速修改和调用系统指标或参数，如图 3-16 所示。

"对话框"表示在 Geomagic Wrap 应用程序窗口选择是否打开对话框（对话框包含了每个操作工具的具体操作内容）。

（2）"重置布局"用于重置软件界面布局，恢复到系统默认状态。

3.6　选择命令模块

选择命令模块包括"数据""模式"和"工具"三个命令组，如图 3-17 所示。

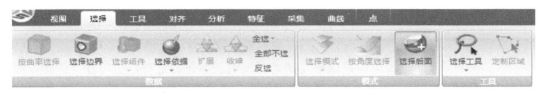

图 3-17　选择命令模块操作组

3.6.1　"数据"命令组

"数据"命令组包含的操作命令如下。

（1）"按曲率选择"表示可按指定曲率选择多边形。

（2）"选择边界"表示可在点对象或多边形对象上选择一个或多个多边形。

（3）"选择组件"可用来增加现有选择区域的范围。

"有界组件"用于选择所有边界（至少有一个已选择的多边形）内的所有多边形。

"流形组件"用于扩展选项以包括所有相邻的流形三角形。

（4）"选择依据"可根据对象的拔模斜度、边长、区域、体积、折角等几何属性进行选择。

（5）"扩展"可增大现有选择区域的范围。

"扩展一次"表示在现有选择区域的所选多边形上，沿各方向扩展一个多边形。

"扩展多次"用于执行多次"扩展一次"命令。

（6）"收缩"可缩小现有选择区域的范围。

"收缩一次"表示在现有选择区域的所选多边形上，沿各方向收缩一个多边形。

"收缩多次"用于执行多次"收缩一次"命令。

（7）"全选"可进行全选对象和全选数据操作。

"数据"用于在"模型管理器"中选择全部主动对象。

"对象"用于将"模型管理器"内所有的同类对象突出显示（激活）为当前对象。

（8）"全部不选"表示取消选择的整个对象。

（9）"反选"指选择对象所有未选择的部分并取消所有已选择的部分。

3.6.2　"模式"命令组

"模式"命令组包含的操作命令如下。

（1）"选择模式"可进行仅选择可见项和选择贯通操作。

"仅选择可见项"使用标准选择工具选择其正面朝向视窗的多边形与 CAD 表面的可见数据。

图 3-18 "选择工具"
下拉菜单

图 3-19 预定义选择工具

"选择贯通"使用标准选择工具选择其正面朝向视窗的多边形与 CAD 表面的所有数据，包括可见和隐藏的数据。

（2）"按角度选择"指切换标准选择工具的运行模式。在"折角"模式下，选择工具可扩展选项，以包括所有相邻多边形，这些多边形的共有边都以相对较小的角度相交。

（3）"选择后面"让"仅选择可见"和"选择贯通"对点、多边形和 CAD 对象的背面也起作用。

3.6.3 "工具"命令组

"工具"命令组包括的操作命令如下。

（1）"选择工具"默认情况下，选择工具向导处于活动状态，可通过鼠标左键对对象的表面进行选择，也可在"选择"模块中的"选择工具"下拉菜单中选择不同的工具，如图 3-18 所示，还可以在设计窗口右侧的工具条中选择所需要的选择工具，如图 3-19 所示。

"矩形"表示在"图形区域"内的选择形状呈矩形。

"椭圆"表示在"图形区域"内的选择形状呈椭圆。

"直线"表示在"图形区域"内的选择形状呈直线（在点对象上不可用）。

"画笔"表示按住鼠标左键的同时，使选择工具像画笔一样运行。

"套索"表示使选择工具像套索一样运行，这样可选择不规则区域内的所有内容。

"多义线"表示通过单击有限个点，定义不规则多边形的区域。

"折角"表示通过单击并拖动鼠标来动态增大或缩小选择区域。

（2）"定制区域"用于选择用户自定义指定的对象区域。

3.7 文件的导入与导出 ▷▷▷

Geomagic Wrap 可支持多种格式的点云数据和多边形数据的导入，同时也能够以多种方法进行导出。

支持导入的点云数据格式有：*.wrp、*.txt、*.gpd 等，其中无序点云数据包括：3PI ShapeGrabber、AC-Steinbichler、ASC-Generic ASCII、SCN-Laser Desing、SCN-Next Engine 等。

支持导入的多边形数据格式有：*.3ds、*.obj、*.stl、*.ply、*.iges 等。

生成模型后模型导出的方法有三种：

（1）将模型保存为 *.stl 或 *.iges 等通用格式文件输出；

（2）将模型通过"参数交换"命令导出到正向建模软件（例如 SolidWorks、Pro/E 等）；

（3）将模型通过"发送到"命令导出到正逆向混合建模软件（例如 Geomagic、Design Direct、SpaceClaim 等）。

第4章

Geomagic Wrap 点云数据处理

4.1 点云数据处理概况

在逆向工程中，利用扫描仪将物体变成点云 .asc 文件后，接下来就是对点云模型进行预处理。扫描过程中由于环境因素或者人为操作等原因，扫描的文件往往会出现数据误差。点云分布不均匀、包含噪声点、体外孤点（孤岛群）等会造成被测物体模型不理想，从精度、光滑程度以及纹理等方面影响建模质量，因此要去除点云文件多余的点；如果因扫描过程中的光线照射或模型死角而使数据缺失，就要对点云文件进行填充修补；如果点云文件过大，而且包含一些冗余的数据，应对模型进行数据精简；如果模型过大或过于复杂，不能一次性扫描完成，就要进行多次扫描，再对多个点云数据进行拼接，通过点云注册形成完整的点云数据。

Geomagic Wrap 点云数据处理思路为：首先导入点云文件，对文件进行着色操作，便于更清晰地观察模型；然后去除体外孤点（非所需模型主体的点或点群）和非连接项（凸点等不必要特征）；接着减少噪声点（由于扫描过程中的设备震动或其他原因形成的表面粗糙点）调整偏差；再分析点云类型并观察物体特征与原物体的近似程度，测量点云数据中两点之间的间距；然后通过平均值对点云数据进行采样（使采样面的构建点更均匀）处理，间距应调整到比源文件稍大，如果不满意可以进行多次采样；对未扫描到的，非物体本来特征的缺失进行修补；最后封装并进入三角面阶段。操作流程如图4-1所示。

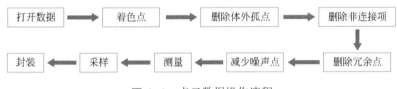

图 4-1　点云数据操作流程

4.2 点云操作的主要命令

点处理界面有"采样""修补""联合""封装"四个命令组，如图4-2所示。

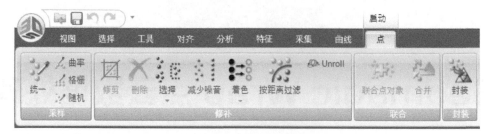

图 4-2 "点"工具栏 ❶

4.2.1 "采样"命令组

在不影响模型特征的前提下减少点云密度,有"统一""曲率""格栅(等距采样)"和"随机"等四种方法,其中最常使用的就是"统一"采样。

(1)"统一"表示均匀地减少平面上点的数量,然后将曲面上点的数量减少到指定密度。

(2)"曲率"表示减少平面区域中点的数量,保留高曲率点。

(3)"格栅(等距采样)"表示均匀地减少了平面区域中点的个数,通过创建一组均匀间隔的点完成采样,不考虑曲率和初始密度的点来赋值。

(4)"随机"表示从无序点对象中随机删除一定百分比的点,适用于简单规则的模型点云数据。

4.2.2 "修补"命令组

用于精简点云数据,使其更接近理想状态,有"修剪""删除""选择""减少噪声""着色"和"按距离过滤"等六个选项。

(1)"修剪"用于从对象中删除非选定点,保留选定点。

(2)"删除"用于从对象中删除所选定的点。

(3)"选择"分为"选择非连接项"和"选择体外孤点"。

"选择非连接项"命令,是根据点的位置,选择与其他组相距较远的点组。

"选择体外孤点"即选择与大多数其他点至少有一定距离的点,通常是扫描过程不可避免地扫描到背景物体、支撑结构、桌面等对所需模型无用的点。

(4)"减少噪声"指在扫描过程中由于振动等不可避免的原因而出现模型表面粗糙、外表面点不均匀等情况,通过将点移动到正确的位置来补偿扫描仪的错误,使点的排列更加顺滑,降低模型噪声点的偏差值,在后期封装过程中可以使点云数据统一排布,更好地表现真实的物体形状。

(5)"着色",扫描出的点云文件为黑色,为了更清晰、更方便地观察对象形状,下拉菜单包括"着色点""修复法线"和"删除法线"等命令。

"着色点"是指由于未处理的点云文件颜色不便于观察,在点云上开启照明和彩色效果,以帮助观察其几何形状。

"修复法线"是指操作、翻转或删除点对象上的法线数据。

"删除法线"是指禁用点对象的阴影,删除裸露在点云之外没有用处的法线。

(6)"按距离过滤"指对数据进行裁剪,所裁剪数据在一定范围内或者超出给定范围的位置距离,如坐标系统原点。

---

❶ 软件界面的"减少噪音"应为"减少噪声",书中文字均已改正,软件界面书中不再修正。

4.2.3 "联合"命令组

将未能一次扫描完成的多个点云文件进行合并，使其成为一个点云文件或者多边形模型，包含"联合点对象"和"合并"等选项。

（1）"联合点对象"是指从两个或多个点对象创建一个单点对象。

（2）"合并"是指将两个或多个点对象合并成一个，从而在模型管理器中生成一个新的多边形对象。

4.2.4 "封装"命令组

"封装"是将点云文件转换成三角形网格面或者多边形模型。"封装"命令能够将点云模型转换为网格模型，同时将点对象转换成多边形对象。

4.3 点云编辑

点云编辑操作步骤如下。

（1）打开扫描得到的单个点云文件，点击软件界面左上角的打开选择文件或点击打开文件图标打开后缀为 .wrp、.asc 等文件。下面以门板文件为例，采样比率和单位一般采用默认值，也可根据需要进行调节，打开后图像显示在视窗中，如图 4-3 所示。

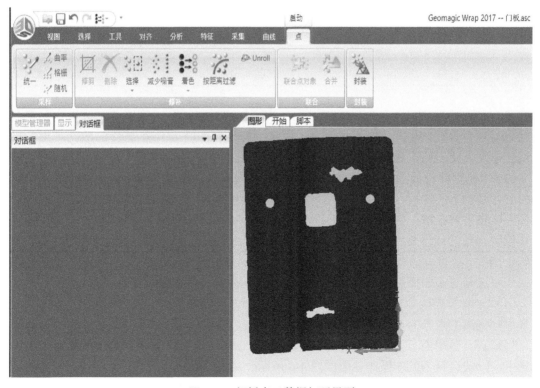

图 4-3　门板点云数据打开界面

为了方便操作，可以运用快捷键，以下是 Geomagic Wrap 中常用的鼠标控制和主要快捷键，见表 4-1。

表 4-1　Geomagic Wrap 中常用鼠标控制和主要快捷键

鼠标控制 / 快捷键	命　令
鼠标左键	选择
Ctrl+ 鼠标左键	取消选择
鼠标中键 /Ctrl+ 鼠标右键	旋转
Shift+ 鼠标右键	缩放
Alt+ 鼠标中键 / Alt+ 鼠标右键	平移
Ctrl+Z	编辑 → 撤销
Ctrl+T	编辑 → 选择工具 → 矩形
Ctrl+L	编辑 → 选择工具 → 线条
Ctrl+P	编辑 → 选择工具 → 画笔
Ctrl+U	编辑 → 选择工具 → 定制区域
Ctrl+A	编辑 → 全选
Ctrl+C	编辑 → 全部不选
Ctrl+G	编辑 → 选择贯穿
Ctrl+V	编辑 → 只选择可见
Ctrl+F	视图 → 设置旋转中心
Esc	中断操作
DEL	删除
空格键	应用 / 下一步

（2）在进行着色之前，如果文件过大，为了快速旋转模型，到屏幕左边显示面板上设置动态显示百分比的值为 25%，如图 4-4 所示，即旋转的时候只有 25% 的数据可见，可提高刷新速度，便于快速看到命令对模型产生的影响。

（3）"删除体外孤点"，远离主点云的点称之为孤点，出现体外孤点通常是激光扫描仪扫描到背景物体的缘故。点开"点"命令之后点击"选择"然后选择"体外孤点"，打开"选择体外孤点"对话框，如图 4-5 所示。

设置合理的敏感性来选择体外孤点并进行删除。调整命令中的敏感度也会对文件产生影响，由表 4-2 可知敏感度达到一定程度后选择的体外孤点数目不变，所以敏感度设置太高，没有选择更多的孤点，反而降低了操作效率，而且容易错删物体表面点。

（4）"删除非连接项"，点开"点"命令之后，点击"选择"，然后选择"体外孤点"命令，选择那些偏离主点云的点束，并予以删除。

"分隔"，菜单有低、中间、高三个选项，由低到高排列，表示点数距离主点云多远并被选中，一般选择为低，操作界面如图 4-6 所示。

"尺寸"，决定多大数量的点数能被选中，表示所要选的点云数量是点云总数的设置数值百分比及以下，同时分离这些点束。

图 4-4　显示面板设置　　　　　　　　图 4-5　"选择体外孤点"对话框

表 4-2　选择点数与敏感度

敏感度	原始点云数据	选择点数
98%	44190	13239
95%	44190	13239
90%	44190	9446
80%	44190	3451
79%	44190	3119
75%	44190	2320
70%	44190	1798
60%	44190	1184

图 4-6　"非连接项"命令

（5）"减少噪声（删除冗余点）"，在扫描或数字化过程中，由于扫描设备的轻微震动、测量激光直径误差或物体表面粗糙等，经常会产生模型噪声点，在曲面模型上粗糙的、非均匀的外表被看成是"噪声数据"。"减少噪声"命令可以将扫描中的噪声点降低到最少，因而更好地表现真实的物体形状。

选择菜单"点"命令中的"减少噪声"选项，打开"减少噪声"对话框，如图4-7所示。

"减少噪声"对话框中主要命令说明如下。

①"参数"命令框。"自由曲面形状"适用于以自由曲面为主的模型，选择这种方式可以减少噪声点对曲面曲率的影响，是一种积极的减噪方式，但点的偏差会比较大，减噪前标准偏差如图4-8所示。

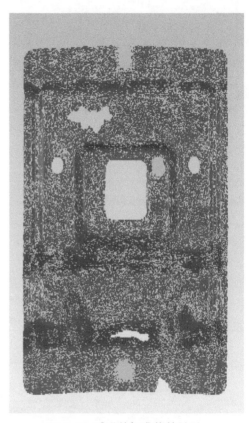

图4-7 "减少噪声"命令　　　　　　　　图4-8 减噪前标准偏差显示

"棱柱形（保守）"适用于模型中有锐利边角的模型，可以使尖角特征得到很好的保持。

"棱柱形（积极）"同样适用于模型中有锐利边角的模型，可以很好地保持边角特征，是一种积极的减噪方式，相对于"棱柱形（保守）"的方式，点的偏移值会小一些。

"平滑度水平"，根据实际模型对纹理表面的要求，灵活地选择平滑度大小，平滑度水平越大，处理后的点云数据越平直，但这样会使模型有些失真，一般选择比较低的设置。

"迭代"，迭代次数可以控制模型的平滑度，如果效果不理想，可以适当增加迭代次数。

"偏差限制"，设置对噪声点进行的最大偏移值，由实际情况而定，一般可以设在0.5mm以内。

②"体外孤点"命令框，如图4-9所示。"阈值"用于设定系统探测孤点时，选择孤点

的极限，阈值越大，选择的点数越少。

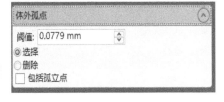

图 4-9 "体外孤点"命令

"选择"是根据系统所设置的阈值，通过计算得出模型在阈值中的点并以红色加亮显示。

"删除"是指删除选中的点。"包括孤立点"是指查找孤立点，并将孤立点包括在内。

③"预览"命令框，如图 4-10 所示。"预览点"用于确定预览点的数量。

"采样"用于确定所要预览点的采样距离。

"选择面积"，选择模型上不同的区域来预览模型的局部变化。

④"显示偏差"命令框，如图 4-11 所示。"结果"用于显示减噪后结果的偏差色谱。

"颜色段"用于确定偏差显示的颜色段个数。

"最大临界值"用于设定色谱所能显示偏差的最大值。

"最大名义值"用于设定色谱所能显示偏差的最小值。

"小数位数"用于确定偏差值的小数位数。

图 4-10 "预览"命令

图 4-11 "显示偏差"命令

⑤"统计"命令框。"最大距离"表示噪声点的最大偏差距离。

"平均距离"表示噪声点的平均偏差距离。

"标准偏差"表示模型点云偏离的标准偏差值。实行减少噪声处理后选择显示，结果如图 4-12 所示。

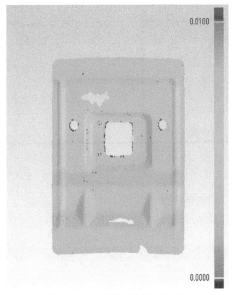

图 4-12 减噪后偏差显示

（6）"测量"，在采样前为了更好地选择间距，首先点击工具栏"分析"，然后选择"距离"，选取不同的两点进行多次测量，记录测量之后的距离，采样时所调整的间距不要小于测量最小间距，"分析"界面如图 4-13 所示。

图 4-13 "分析"工具栏

点击"距离"，选择"测量距离"，报告物体上两点之间的最短距离或表面距离，然后出现"测量距离"对话框，选择所要测量的两点距离（可以多次测量，采样间距不得小于最小值）如图 4-14 所示。

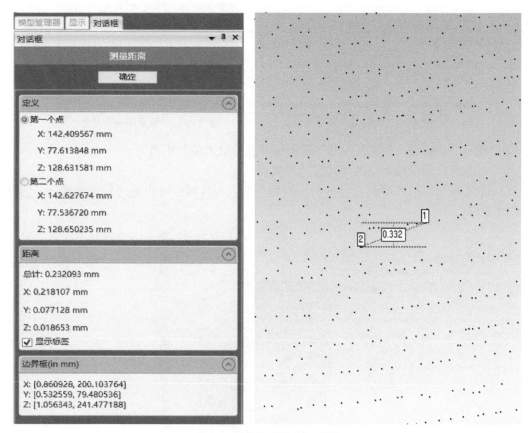

图 4-14 "测量距离"界面

（7）"采样"，点击工具栏"点"选择"采样"，点击"统一采样"，在模型管理器中弹出如图 4-15 所示对话框。

在输入栏中点击"绝对"选项，定义"间距"，根据测量所得，在"优化"栏中根据需要调整曲率优先滑块，选中"保持边界"的选择框，操作后点云数量将会精简，如图4-16所示。"统一采样"对话框中命令说明如下。

①"输入"对话框用来选择所要采样距离的方式。

"绝对"，按输入的距离值来采样。

"通过选择定义间距"，根据操作者在模型中选择可见的两点，由两点之间的距离确定采样距离。

"由目标定义间距"，系统将根据点数据框中输入的采样点数量来自动确定采样距离。

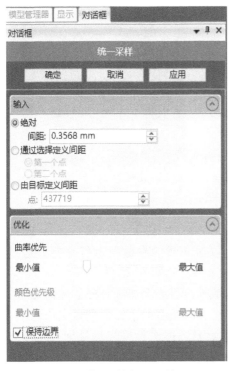

图 4-15 "统一采样"对话框

图 4-16 采样后门板模型

②"优化"对话框中设置了"曲率优先"和"颜色优先级"，根据文件的需求进行选择。

"曲率优先"控制高曲率区域点的数据，选择数据"0"则为一个真正的曲率采样。曲率优先值越大，高曲率区域点的采样点密度越大，所以曲率优先级别要调到适当的位置，不可直接调到最大值，否则会导致采样过程中点云表面特征的丢失。为了在保持精度的前提下获得最好效果的点对象，可以多次重复采样，使得低曲率的区域在封装后得到比较大的三角面片。

如果数据量过大（几百万或者几千万的点云数据）或者在后来的封装阶段得不到理想的多边形，在载入点云的时候就可以进行一次"格栅采样"，选择工具栏中的"点"，选中"采样"命令，然后选择"格栅采样"，在"格栅采样"对话框中的"间距"一项输入采样间距，完成采样。

"保持边界"，选择此复选框时，点云边界将保持完整。

"统一采样"命令是在保持模型精确度的基础上减少点云数据量，减少点云数据可以使数据的运算速度更快，提高运算效率。默认的"绝对采样"方法是将整个点对象均匀减少

45%～65%的点数据。

（8）"封装数据"，执行"点"，然后点击"封装"命令进入封装对话框，如图4-17所示，该命令将对点云数据进行封装计算生成多边形模型，封装后的模型如图4-18所示。"封装"对话框的主要命令说明如下。

图4-17 "封装"对话框

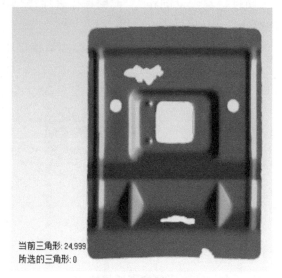

图4-18 封装效果

① "设置命令框"中，"噪声的降低"命令可以对减噪的参数值进行选择，通过"自动""最小值""中间"和"最大值"4种方法，默认选择自动的方式。

"保持原始数据"，勾选此项，将保留原始点云数据，否则会删除打开的原始点云文件。

"删除小组件"，删除孤立的、与主点云数据没有实际关系的点云，默认选中此项。

② "采样"命令框中，通过设置点间距对原始点云数据进行采样，目标三角形数量可以输入数据进行设定，目标三角形数量越多，则封装后多边形网格越紧密，下面的滑动控制器可以调节采样质量的高低，可根据实际情况设定。对点云进行采样时，分为"点间距"采样和"最大三角形数"采样。

"点间距"同统一采样中的绝对采样参数设置一样。

"最大三角形数"是指封装后多边形数量的临界值，当封装出来的多边形数量大于临界值，封装后的多边形网格越紧密。系统会自动把多边形简化到临界值，最大三角形数值设置得越大，封装之后的多边形网格越紧密。

"执行/质量"是控制三角形的生成，默认在"质量"位置。

③ "高级"命令框用于封装时对点云进行优化的设置。

"优化稀疏数据"是指封装过程中对不均匀的点进行优化，以得到更好质量的网格。

"优化均匀间隙数据"是指封装过程中对分布均匀的点进行优化，以得到更好质量的网格。

"边缘（孔）最大数目"是指设定孔的最大数目以便在封装过程中进行自动填补。

由于封装是通过连接点来创建三角形面片，点阶段数据处理的质量决定封装的质量，所以在点阶段要仔细耐心地操作，如果发现问题应多重复几次。封装后的模型以多边形显示，放大视图可以看到模型的表面是由一个个极小的三角形组成的网格。

（9）"保存文件"用于将该阶段的模型数据进行保存。单击 Geomagic Wrap 图标命令打开界面如图4-19所示，选择"另存为"，在弹出的对话框中选择合适的保存路径，命名本文件，单击"保存"命令。

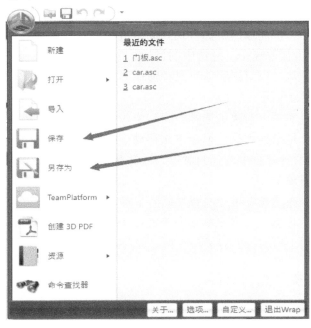

图4-19 "保存"对话框

4.4 点云注册

由于扫描的模型过大或者过于复杂，在采集数据的过程中，无法一次采集到模型的完整数据，因此需要多次进行数据扫描（通常会在扫描完成处放上球体目标来辅助后期注册），从而得到模型的多个局部数据。打开对齐界面对多个局部数据进行注册拼接，以得到物体完整的点云数据。首先在拼接时，选择两片点云上对应的点，由于这些点的选择不一定准确，Geomagic Wrap 会根据两片点云的数据点进行分析拼接，然后通过合并操作得到完整的数据模型。"对齐"命令界面，如图4-20所示。

图4-20 "对齐"工具栏

4.4.1 "对齐"的主要操作命令

（1）"扫描拼接"命令组

"手动注册"用于创建一个粗略的注册，将两个或者两个以上的重叠扫描，通过定义对应点在重叠区域进行拼接。

"全局注册"用于细化两个或多个粗略注册的点云数据或多边形对象的拼接。

"探测球体目标"用于探测扫描时安装在模型表面的辅助球体,并创建"对齐命令"下的点特征辅助对齐。

"目标注册"根据"探测球体目标"找到的点特征,对齐两个或多个点云数据或多边形对象,每个对象上至少需要三个已经选中的目标。

"清除目标"用于从对象中删除球形或者圆柱形注册目标。

(2)"对象对齐"命令组

"N点对齐"通过对每个对象上选择至少三个对应的点来完成对齐。

"最佳拟合对齐"是指使用最佳拟合方法移动一个对象与另一个对象在空间中完成自动拟合。固定对象是模型管理器中选择的对象。浮动对象(移动的对象)在对话框中是可选的(固定对象不能是点对象)。

"基于特征对齐"通过配对相应的特性使两个对象对齐。

"RPS对齐"是指根据参考点来移动一个或多个对象,完成在空间对齐的操作。

"对齐到全局"用于将对齐的特征与平面、轴特征或坐标系原点对齐。

4.4.2　导入多个点云文件

下面以子弹夹为例,讲解具体操作。启动 Geomagic Wrap 软件,单击左上角图标,下拉菜单点击"打开",然后按住"Ctrl"选择多个点云数据,此处以"子弹夹 .asc"为例,数据显示如图 4-21 所示。

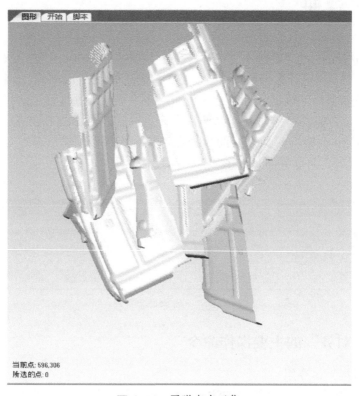

图 4-21　子弹夹点云集

4.4.3 联合点对象

当文件太多太繁杂的时候，可以进行联合点对象处理，在模型管理器中选择要联合的点对象，然后选择菜单点击"点"命令中的"联合点对象"，将会弹出如图4-22所示对话框，根据需要修改名称，点击"应用"，再点击"确定"命令退出对话框，联合后模型管理器发生改变，如图4-23所示，合并后的点云数据将视为整体。

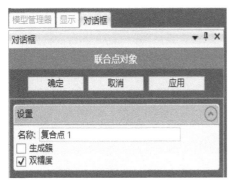

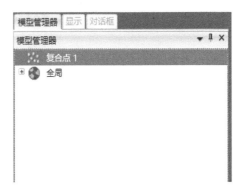

图 4-22　"联合点对象"对话框　　　　　　图 4-23　联合点对象后

"联合点对象"对话框"设置"命令框中：

"名称"用于修改合并后点对象的名称；

"生成簇"勾选后可以使合并后的点对象保持其合并前的信息，由所选择的点云对象构成，合并后在模型管理器中点击"模型"可以清楚地看到；

"双精度"勾选后令所产生的点对象包含双精度的数据。

4.4.4 手动注册点云

选择联合后的点云数据，点击"对齐"命令中的"手动注册"，如图4-24所示。在屏幕左边的管理器面板上，有改变显示点和多边形的控制命令。当导入的点云过大，进行数据处理时电脑运行速度比较慢。单击屏幕左边管理器面板上的"显示"面板，出现如图4-25所示的"显示"对话框。

图 4-24　子弹夹拼接对象　　　　　　图 4-25　"显示"对话框

设置"动态显示百分比"为25%，能够提高工作的速度。在放大扫描数据后，如果扫描数据是一个规则形状的网格，说明这些点云是网格化有规律地排列的。如果所有的扫描对象没有在图形窗口显示，按住"Ctrl"键，然后依次单击模型管理器中的扫描数据对象，或者按住"Shift"键选择第一个和最后一个扫描数据对象，这样所有的扫描对象会在图形窗口显示。

确定需要注册的所有点云处于显示状态，选择菜单栏"对齐"→"扫描拼接"→"手动注册"，在模型管理器中弹出如图4-26所示"手动注册"对话框。

图4-26 "手动注册"对话框

4.4.4.1 命令说明

"手动注册"对话框命令说明如下。

（1）在"模式"命令框中包括"1点注册""n点注册"和"删除点"三种方式。

"1点注册"表示选择一个公共点进行模型的注册。

"n点注册"表示选择多个特征点进行数据注册。

"删除点"表示当两片点云数据是无序点云时，为了便于手动注册，删除一些不必要的点。根据点云的实际特征灵活选择注册方式，一般情况下使用"n点注册"，这样精度比较高。

（2）在"定义集合"中可以选择"固定模型"和"浮动模型"对象，一般在固定点云上按顺序选择一些特征点(系统会标明点的序号)，并在浮动点云上，选择与之相对吻合的点，这样相互对应的点就会对号入座，叠加重合在一起，两块孤立的点云数据就会合并在一起。

在"固定"窗口中选择固定模型，在"固定"栏列表中单击其名称后，该模型会显示在工作区的固定窗口，并以红色加亮显示。注意固定模型必须是在注册的过程中保持固定的部分。

在"浮动"窗口中选择浮动模型，单击其名称后该模型会在工作区的浮动窗口以绿色显示。注意浮动模型在注册的过程中将随固定模型进行调整。

"着色点"可以让点云以着色点的形式显示，有利于看清模型的特征，便于选择注册点，默认选择此复选框。

"显示 RGB 颜色"指定是否显示模型的颜色。

（3）"操作"命令是对浮动模型进行分组命名。

"采样"是指定在注册过程中所选计算的点的数量，在设定的采样数据基础上进行计算修改。

"注册器"是指浮动的模型将根据所选择的公共部分对固定的模型进行复合计算。

"清除"是删除在模型上选定的参考点，通常用于模型点选择不正确的情况。

"取消注册"是如果对注册效果不满意，可以单击该命令撤销已经完成的注册。

"修改"用于注册效果有偏差时，可以单击此命令对浮动模型的位置进行修改。

（4）"正在分组"是对浮动模型进行分组命名。

"添加到组"指定是否将浮动模型加在所分的组中。

（5）"统计"命令显示统计注册过程中的偏差情况。

"平均距离"显示固定模型与浮动模型的平均距离。

"标准偏差"显示两个模型相互重叠区域的标准偏差值。

固定窗口和浮动窗口中的视图分别独立，选择一个视图，按下鼠标中键旋转到想要的视图方向。注册时，将固定窗口和浮动窗口中的视图方向调整到尽可能相同，否则会影响注册的正确进行。尽量选择高曲率或者特征明显的地方，可以获得好的对齐。

如果出现误操作或者选择的点不理想，可以按"Ctrl+Z"撤销选择。如果两个扫描数据对齐得不是很好，但已经很接近，可以单击"注册器"命令来精确对齐。如果两个扫描数据离得很远，主要原因是选择的点位置不够准确，可以单击"取消注册"，然后重新选择注册点。在计算的过程中，按"Esc"键会停止当前的命令。

4.4.4.2 注册实例

下面以子弹夹为例，进行点云注册。

在"模式"中选择"n 点注册"；在"定义集合"下的"固定"中选择"子弹夹 1"；在"浮动"中选中"子弹夹 2"，选中"着色点"。

需要找到两片点云数据的共同点，如图 4-27 所示。选取模型上的多个共同位置作为对齐的点。首先在固定窗口上点击选取共同点，然后在浮动窗口点击相应位置的相应点。此时，前视窗模型就按照一定的方式自动对齐。单击"注册器"完成数据注册，重复以上步骤，直到合并完整的模型。注意：图 4-27 左上角为固定窗口，右上角为浮动窗口，下方为前视图窗口，即浮动视图对齐到固定视图后的预览视图。

注册过程中的效果如图 4-28 所示，注册完成后的效果图如图 4-29 所示，可以看出原本杂乱无章的点云数据已经整合为一个规范的三维点云模型。

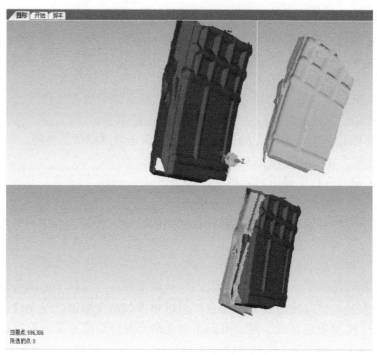

图 4-27　子弹夹手动注册示意

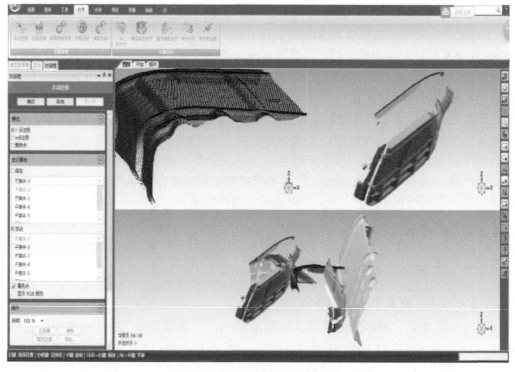

图 4-28　注册过程效果

　　由于子弹夹形状复杂，且扫描过程中未做标记点（辅助球体），所以使用 n 点注册，如果是形状比较规则简单的点云文件，只需要找准固定窗口与浮动窗口的共同特征点，然后使用"1 点注册"就可以实现拼接。

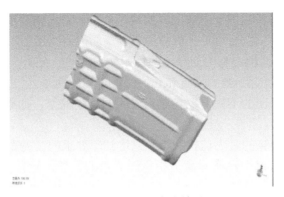

图 4-29　注册完成效果

4.4.5　全局注册

"全局注册"对话框有两种工作模式，分为"注册模式"和"分析模式"。选择菜单栏"对齐"命令中的"扫描拼接"，然后点击"全局注册"命令，弹出如图 4-30 所示的"注册模式"对话框，单击"应用"命令。扫描数据会重新计算，以减少对齐误差。

选择"分析"命令，可以检查扫描数据相互关联的方式，单击弹出如图 4-31 所示的"分析模式"对话框。

图 4-30　"注册模式"对话框

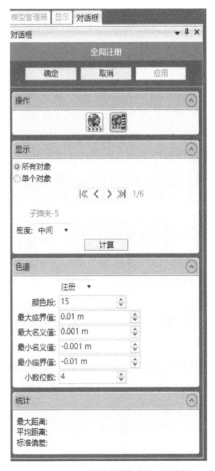

图 4-31　"分析模式"对话框

"注册模式"主要用于数据全局注册时的偏差控制，对之前注册的两个或两个以上对象进行重定位；"分析模式"主要用于分析被注册对象的偏差指标。

（1）"注册模式"对话框中部分命令选项说明如下。

①"控制"命令框包含参数的设置和其他的注册控制命令。

"公差"用于设定注册的不同对象指定点之间的平均偏差，如果计算超过此偏差，则迭代过程停止。

"最大迭代数"指计算的最大迭代次数，以达到所要求的公差范围。

"采样大小"用于从每个注册对象上指定注册点的数量，这些点用来控制注册的过程。采样点数设置得比较小，可以使注册的速度提高，但注册准确性降低；采样点设置得比较大，可以提高注册的准确性，但计算速度相对减慢。所以要根据具体情况确定采样的点数。

"更新显示"用于实时显示被注册对象的可视面积在注册过程中的注册效果，当取消此复选框时可使处理速度提高。

"对象颜色"用于以对比鲜明的颜色显示每个注册对象。

"滑动控制"用于激活"限制平移"命令，使对象的特征部分不会产生较大的偏差。

"限制平移"用于设定对象允许的最大平移值，当"滑移控制"和"平移控制"同时选择时，将以较小值为准。

②"统计"命令框可以统计数据注册后的偏差值。

"迭代"用于统计数据注册过程中计算的迭代次数。

"平均距离"用于统计注册对象间的平均距离。

"标准偏差"表示两个模型相互重叠区域的标准偏差值。

"最大偏差对"表示注册中最大偏差的一对点云对象。

（2）"分析模式"对话框中命令说明如下。

①"显示"命令框用于显示注册后的分析图谱并设定相应参数。

"所有对象"表示分析所有的对象。

"单个对象"表示对所选择的单个模型对象进行分析。

使用滚动箭头可以对模型的对象逐个分析。

"密度"用于显示密度值，下拉菜单有低、中间、高和完全四种方式。

"计算"用于系统对选定的对象进行偏差计算，并将计算结果以偏差图谱的形式显示。

②"色谱"命令框用于设定图谱的显示参数，其现实的各个值将在计算后自动调整，也可以人为更改参数值。

"颜色段"用于设定偏差显示色谱的颜色段数。

"最大临界值"用于设定色谱所能显示的最大偏差值。

"最大名义值"表示色谱中从 0 开始向正方向第一段色谱的最大值。

"最小名义值"表示色谱中从 0 开始向负方向第一段色谱中绝对值的最大值。

"最小临界值"用于设定偏差的最小临界值。

"小数位数"用于设定偏差显示值小数部分的位数。

③"统计"命令框用于计算全局注册中的点云集距离，选中点云后自动显示最大距离、平均距离、标准偏差。

系统计算完成，图形区域显示每个扫描数据与它相邻扫描数据的关联性。查看扫描数据是否有不对齐情况，如果有，可以从全局注册中将这个扫描数据移出组外，然后再运行全局注册。为了加速检查各个扫描数据的关系，可以将分析模式选项中显示栏下的"密度"设为高、中间或低，处理速度依次提高。

通过设置"密度值"对扫描情况进行分析，单击"计算"，扫描数据与相邻数据的关系如图 4-32 所示。单击"单个对象"命令，用箭头查看每个扫描数据的对齐情况，单击"确定"命令完成注册。

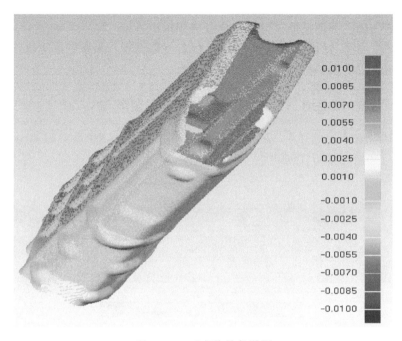

图 4-32　对齐偏差色谱图

4.4.6　保存文件

将该阶段的模型数据进行保存。单击工具栏上的"Wrap"图标命令，选择"另存为"，在弹出的对话框中选择合适的保存路径，对文件进行命名操作，然后单击"保存"命令。

4.5　特征对齐

4.5.1　Geomagic Wrap 特征模块概述

将扫描的模型进行特征匹配，将模型上的特征标出，并命名特征（如圆柱、槽等），或者要在模型上创建特征，选择要建立特征的位置，并命名特征进行创建。命名的特征可以在后期操作的过程中直接引用，选定特征之后，可以调整参数（如球体的直径、圆柱的高度等），如果想要分析特征或者将特征对齐到模型对应的位置，需要保持原有的参数，然后通过命令进行操作。创建之后的特征以两种颜色出现在模型区域上，可进行操作的特征在参考对象上显示为绿色，不可进行操作的特征显示为橙色（通常有三种原因：模型特征类型无法识别、重复创建、创建对象显示错误）。

创建特征的方式有"CAD对象提取""点云数据拟合"和"几何特征参数创建"等。根据需要创建的特征，选择不同的操作方式。

特征创建包含以下命令：
①"定义组"用于定义名称、类型和数据等；
②"特征组"用于选择特征类型、特征名称和指定特征；
③"编辑组"用于对所选特征进行编辑，包含参数编辑、重置数据等操作；
④"偏差组"用于显示特征与数据间的偏差。

4.5.2　Geomagic Wrap特征模块的主要命令

特征命令模块包含"创建""编辑""显示"和"输出"四个命令组如图4-33所示，快捷特征激活后可快速进行特性创建。

图4-33　"特征"工具栏

4.5.2.1　"创建"命令栏

"创建"命令栏，包含一系列数据特征创建命令，特征创建完成后，将会开启"编辑""显示"和"输出"等命令，操作界面如图4-34所示。

图4-34　"创建"命令栏

（1）"探测特征"用于标识存在于多边形对象结构中的所有平面、柱面、圆锥和球体，并为每个特征指定名称。

（2）"直线"用于标识直线并指定名称，包含以下命令。

①"CAD"是指通过点击 CAD 对象，在表面轴线上创建一个直线特征，对于所选择的两个 CAD 对象，直线将在两表面之间的边缘上（如棱柱的棱线）。

②"圆柱 / 圆锥 / 旋转体"表示创建任意一个回转体，线特征将出现在创建的回转体的轴线上。

③"边界"表示对选择模型对象中已经存在的边界进行创建。

④"区域选择"表示自由选择一个区域，特征将在所选择的区域中自动匹配最接近的特征边缘，进行创建。

⑤"2 个平面"表示选择两个相交的平面，由平面的交线指定一个线特性。

⑥"平面和点"表示选择一个平面和模型上的点创建特征，点确定直线初始位置，直线指向平面方向，长度为点和平面之间的距离。

⑦"2 个点"表示创建两个在模型上的点，两点之间的连线就是所创建的线特征。

（3）"圆"用于标识圆并为其指定名称，包含以下命令。

①"CAD"表示通过点击 CAD 对象上的一个圆形开口创建一个圆形特征。

②"实际边界"表示选择模型本身存在的界限，进行圆特征拟合（如钣金件未扫描完全或者不整齐的圆形边缘）。

③"区域选择"表示自由选择一个区域，特征将在所选择的区域中自动匹配最接近的特征边缘进行创建。

④"中心与方向"表示通过指定圆心和法向创建一个圆特征，半径由中心和法向之间的距离确定。

⑤"平面和点"表示圆特性将位于选择的平面上，其直径参数可指定，指定模型上的点，点垂直投影在平面上，圆心就是投影点。

⑥"螺旋分布圆"表示首先点击一个点，然后选择两个或者两个以上的点，第一个点作为基准，三点确定一个圆，多点将会选择剩余点的平均位置进行创建。

（4）"椭圆槽"用于标识椭圆槽并为其指定名称，包含以下命令。

①"CAD"表示通过点击 CAD 对象上的一个椭圆槽开口创建一个椭圆槽特征。

②"实际边界"表示选择模型本身存在的界限进行椭圆槽特征拟合（如钣金件未扫描完全或者不整齐的槽边缘）。

③"区域选择"表示自由选择一个区域，特征将在所选择的区域中自动匹配最接近的特征边缘，进行创建。

④"参数"表示通过画草图的方法，指定中心对称点、法线和轴线，设定长度和宽度的大小，创建一个椭圆槽。

（5）"矩形槽"用于标识矩形槽并为其指定名称，包含以下命令。

①"CAD"表示通过点击 CAD 对象上的一个矩形槽开口创建一个矩形槽特征。

②"实际边界"表示选择模型本身存在的界限进行矩形槽特征拟合（如钣金件未扫描完全或者不整齐的槽边缘）。

③"区域选择"表示自由选择一个区域，特征将在所选择的区域中自动匹配最接近的特征边缘进行创建。

④"参数"表示通过画草图的方法，指定中心对称点、法线和轴线，设定长度和宽度

的大小，创建一个矩形槽。

（6）"圆形槽"用于标识圆形槽并为其指定名称，包含以下命令。

① "CAD"表示通过点击 CAD 对象上的一个圆形槽开口创建一个圆形槽特征。

② "实际边界"表示选择模型本身存在的界限，进行圆形槽特征拟合（如钣金件未扫描完全或者不整齐的槽边缘）。

③ "区域选择"表示自由选择一个区域，特征将在所选择的区域中自动匹配最接近的特征边缘，进行创建。

④ "参数"表示通过画草图的方法，指定中心对称点、法线和轴线，设定长度、宽度和圆心角半径的大小，创建一个圆形槽。

（7）"点目标"用于标识点目标（一个带有方向矢量的参考点）并为其指定名称，包含以下命令。

① "参数"表示通过指定点的位置和矢量方向可以设定围绕点目标的圆平面半径创建点目标特征。

② "直线相交"表示选定一条直线，在直线与模型的相交处创建一个点目标，半径可以参数化设定，点目标方向将按照直线方向延伸。

（8）"直线目标"用于标识直线目标（一条带有法线的直线）并为其指定名称，包含以下命令。

① "参数"表示通过设定直线的中心点、方向和法线创建目标特性，可以设定非参考部分的长度。

② "平面相交"表示通过选择直线目标所在的平面，指定接触方向的轴和直线目标不能超出的对象区域来设定直线目标，可以设定参考部分的长度。

（9）"点"用来标识点并为其指定名称，包含以下命令。

① " CAD 命令"表示通过点击 CAD 特征中的球体、圆柱体、圆锥体、圆等回转体，点特征将位于单击的球体中心、圆柱体、圆锥体轴线中心、圆心上。

② "球体"表示将在所选球面区域的中心创建一个点。

③ "圆锥体"表示将在所选圆锥体轴线的中心创建一个点。

④ "质心"表示点特征将位于所选区域的质心（所选区域中平均质量最密集的范围中心）。

⑤ "2 条直线"表示点特征位于所选两条直线的交点。

⑥ "3 个平面"表示通过三个不共面的平面交点创建点（类似于创建坐标系原点）。

⑦ "平面和直线"表示选择平面和与平面相交的直线，在相交的位置创建点。

⑧ "插入"表示在已存在的点特征与其他特征的连线之间，插入一个点，该点的位置由参数"比率"控制（可以通过修改移动）。

⑨ "参数"通过指定点的位置坐标创建点。

⑩ "直线和模型交叉"表示选择一条与模型相交的直线，将交点处变为点。

（10）"球体"用于标识球体目标并为其指定名称，包含以下命令。

① " CAD"表示通过点击一个 CAD 球面创建一个球面特征。

② "最佳拟合"表示系统自动在模型与球体特征最相似的地方创建球体特征，如果是 CAD 对象，可以选择 CAD 对象的子集命令。

③ "参数"表示通过点击球体中心点的位置（可输入）和球体直径进行创建。

④ "4个点"表示选择四个点，通过四个点都在球面上的方式创建球体。

（11）"圆锥体"用于标识圆锥体目标并为其指定名称，包含以下命令。

① "CAD"表示通过点击一个CAD圆锥面创建一个圆锥体特征。

② "最佳拟合"表示系统自动在模型与圆锥体特征最相似的地方创建圆锥体特征，如果是CAD对象，可以选择CAD对象的子集命令。

③ "基部和高度"表示通过指定圆锥体的基点、轴线的方向向量、高度以及顶部和底部的直径创建一个圆锥体。

④ "结束点"表示选择圆锥底面点和顶点，设定底部和顶部的直径，两点的连线就是轴线。

（12）"圆柱体"用于标识圆柱体目标并为其指定名称，包含以下命令。

① "CAD"表示通过点击一个CAD圆柱体创建一个圆柱体特征。

② "最佳拟合"表示系统自动在模型与圆柱体特征最相似的地方创建圆柱体特征，如果是CAD对象，可以选择CAD对象的子集命令。

③ "基部和高度"表示通过指定圆柱体的基点、轴线的方向向量、高度以及直径创建一个圆柱体。

④ "结束点"表示通过构建两个构成轴的点并设定直径来指定圆柱体特征。

（13）"环面"用于标识环面目标并为其指定名称，包含以下命令。

① "CAD"表示通过点击一个CAD环面创建一个环面特征。

② "最佳拟合"表示系统自动在模型与环面特征最相似的地方创建环面特征，如果是CAD对象，可以选择CAD对象的子集命令。

③ "参数"表示选择环面的中心和回转方向，通过修改环面半径与环半径创建环面特征。

（14）"平面"用于标识平面目标并为其指定名称，包含以下命令。

① "CAD"表示通过点击一个CAD平面创建一个平面特征。

② "最佳拟合"表示系统自动在模型与平面特征最相似的地方创建平面特征，如果是CAD对象，可以选择CAD对象的子集命令。

③ "对称"表示指定一个平面，在与模型对称的地方创建平面。

④ "平面偏移"表示完全指定一个平面，可以随意改变大小、偏移量和位置等参数。

⑤ "过点平行于"表示指定一个平面作为参考，选择点的位置（要创建平面的中心点），新创建的平面会平行于参考面。

⑥ "过点垂直于"表示指定两个平面作为参考，选择点的位置（要创建平面的中心点），新的平面将在垂直于参考面的基础上创建。

⑦ "绕轴的角度"表示指定一个平面作为参考，通过改变旋转轴及旋转角度创建平面特征。

⑧ "两平面平均"表示新创建的面将会出现在两个参考平面（两参考面垂直、倾斜、平行皆可）的中心位置。

⑨ "垂直于轴"表示指定参考垂线及过面上的一个点创建平面特征。

⑩ "贯通轴"表示指定面上的线及点创建平面特征。

⑪ "2轴平均"表示在两轴之间的平均值位置创建平面特征。

⑫ "参数"表示指定平面中心点、法线、长度、宽度等参数创建平面特征。

⑬ "3个点"表示任意指定三个点创建平面特征,所创建的平面特征将会同时包含这三个点。

（15）"所有圆和槽"用于在CAD对象上对每个圆、椭圆槽、矩形槽、圆形槽创建特征对象。

4.5.2.2 "编辑"命令栏

"编辑"命令栏,包含对现有特征修改编辑的各个命令,操作界面如图4-35所示。

图4-35 "编辑"命令栏

（1）"编辑特征"用于修改已经创建的特征。

（2）"复制特征"用于从对象中复制一个或多个已选特征。

（3）"转换"用于将特征对象转换为其他对象类型（多边形、CAD或基准）,它包含以下命令:

① "特征转为多边形对象"表示将活动特征对象转换为模型管理器中的新多边形对象（不影响原先特征）;

② "特征转为CAD对象"表示将模型管理器中选定的三维模型转换为新的CAD对象;

③ "基准转为特征"表示将没有进行操作的数据对象转换为相同材料的特征对象。

（4）"修改网格"是用来修改多边形网格的工具,它包含以下命令:

① "剪切"表示能够在多边形网格中切割或重新填充一个孔,以匹配现有二维特征（圆形、椭圆槽、矩形槽、圆形槽）的形状;

② "拟合"表示重构与三维特征相应的多边形,将三维特征的理想几何形状拟合出来;

③ "布尔"表示移除与三维特征对应的多边形,可以重新构建具有理想形状的多边形网格。

图4-36 "显示"命令栏

4.5.2.3 "显示"命令栏

"显示"命令栏,包括"特征可见性"和"特征显示"命令,其操作界面如图4-36所示。

（1）"特征可见性"是在图形区域内切换所有特征显示的方式。

（2）"特征显示"用于在图像区内配置特征的外观。

4.5.2.4 "输出"命令栏

"输出"命令栏,用于将文件输出到另一种形式,依靠"参数转换",在Geomagic Wrap和CAD之间交换参数实体。

4.5.3 Geomagic Wrap特征命令运用

打开任意模型进行操作,本节用路障球为例。路障球模型如图4-37所示。

创建特征,调整视图方向,如图4-38所示。

图 4-37　路障球模型

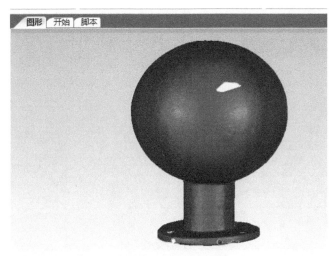

当前三角形: 200,000
所选的三角形: 101,699

图 4-38　拟合球体过程

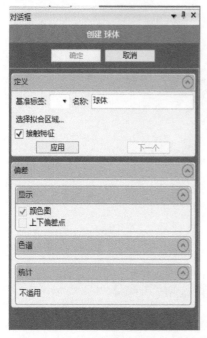

图 4-39 "创建球体"对话框

在右侧工具栏点击选择贯通及合适的选择工具，选中图形球面，选择"特征"命令中的"创建"，点击"球体"命令（选择合适的方法对模型特征进行调整），此处选择"最佳拟合"命令之后，弹出如图 4-39 所示对话框，在对话框选择"应用"，单击"确定"，退出对话框，即完成创建。

创建特征过程中，可以将"定义组"命令中的接触特征选项选中，使拟合出的特征上下偏差趋于相等。

创建平面特征，选中一面网格，选择平面中的最佳拟合命令，在对话框中选择应用并确定。由于后期其他命令的需要，创建平面命令是必不可少的，根据实际情况选择更适合更快速的创建方法。平面特征创建过程如图 4-40 所示。

其他形状特征创建操作基本相同，例如创建圆柱体选择"画笔工具"中的"可见"命令，以下是创建圆柱、平面等命令的应用，如图 4-41 所示。

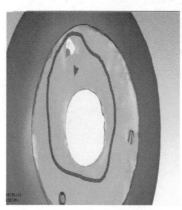
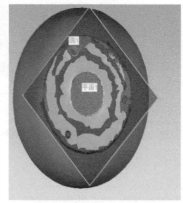

图 4-40 平面特征创建

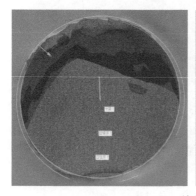

图 4-41 特征创建的应用

编辑特征，可以通过修改参数或者修改网格等方法进行特征的编辑，选择"编辑特征"命令，或者在模型管理器点击所需要编辑的特征，单击右键进行编辑。"编辑特征"对话框如图4-42所示。通过修改参数，然后点击"确定"完成修改。

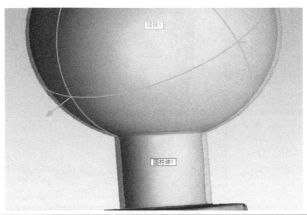

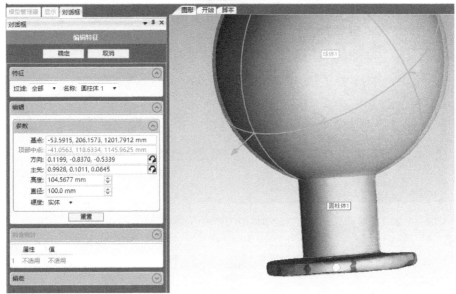

图4-42 "编辑特征"对话框与参数调节对比

该命令可以通过参数修改单位，如果显示单位是in，可以选择"工具"命令中的"修改"，然后点击"in/mm单位"来更换显示单位。

通过调节参数来使特征更趋近于模型特征。下面通过修改网格的方式进行修补。首先点击"特征"命令中的"修改网格"，然后选择"剪切"，选择特征圆，周围网格将会被修改为圆特征，如图4-43所示。

注意剪切对象为二维，拟合对象为三维。使用转换命令，可将特征转换为CAD对象或多边形网格，修改功能视具体模型需要选择操作。

对齐到全局，通过左侧视图转换工具，查看模型三视图，发现此时模型与全局坐标系并不对应。

建立点、直线特征，并通过点（坐标原点）、线（Y轴）、面（XY平面）特征对齐到坐标系。通过这种方法建立的坐标系基本满足面面之间相互垂直和原点在坐标系上的要求。选择

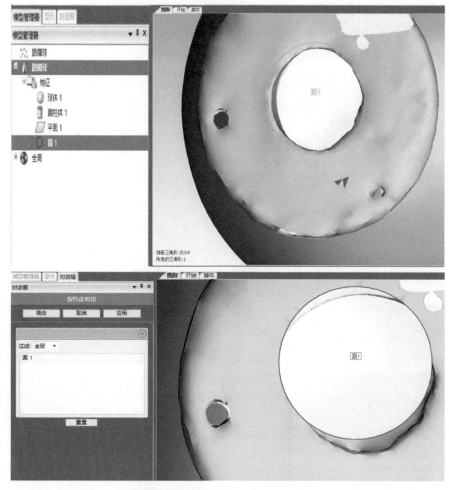

图 4-43　通过剪切网格编辑圆特征

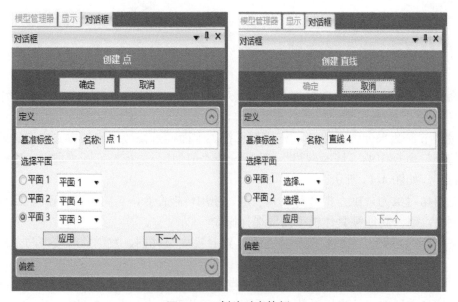

图 4-44　创建对齐特征

已经创建好的三视图平面，在创建点对话框单击"应用"创建点，确定退出。选择创建直线命令中的"两平面"命令，选择平面，确定退出。

图 4-44 创建的命令将在对齐中用到（点、线、面），选择"对齐"命令中的"对象对齐"，然后点击"对齐到全局"，如图 4-45 所示。将 XY 平面与平面配对，Y 轴与直线配对，原点与点对齐，其中 Y 轴与直线的对齐方向要选择反向。

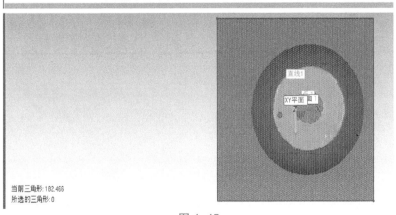

图 4-45

图 4-45 "对齐到全局"对话框

打开统计选项卡进行查看，此时六个自由度已经被约束，配对偏差皆为 0，如图 4-46 所示。单击确定退出，此时翻转模型三视图，模型的每个视图位置都被摆正，表示对齐完毕。

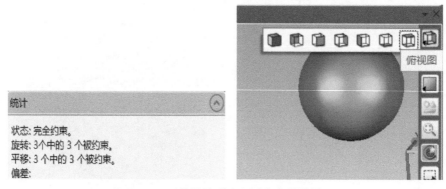

图 4-46 统计选项卡与对齐完毕效果

第5章
Geomagic Wrap 曲线编辑

5.1 Geomagic Wrap 曲线编辑概况

　　曲线阶段可以对点云对象或者多边形对象进行操作,曲线阶段对曲线的定义包括自由曲线和已投影曲线两种。自由曲线存在于空间曲线中,因此,在保证曲面点不受模型管理器约束的情况下,空间曲线可以在截面或者边界创建。模型管理器中的点云对象和多边形对象均为单独存在的可操作对象,不被提取对象影响。自由曲线还可以经过输出命令发送到正向建模软件,提供参考的作用。投影曲线在一个表面上是平的,是所在物体中不可分割的一部分,如果表面移动,投影曲线也会移动。已投影曲线可以先转化为自由曲线,然后进行输出操作。

　　曲线阶段的操作主要包括"曲线提取""曲线处理"和"输出"。曲线提取有四种方式:

　　"从截面创建"是用平面或者圆柱形曲面来截取点云对象或多边形对象得到自由曲线;

　　"边界提取"用来提取多边形边界作为自由曲线;

　　"绘制曲线"主要适用于多边形对象,通过绘制的方法绘制已投影曲线;

　　"抽取曲线"适用于多边形,在曲率变化较大的位置创建已投影曲线。

　　提取曲线后,还要对曲线进行处理,依据设计意图,通过"重新拟合"和"草图编辑"两种命令对自由曲线进行编辑和修改,而后将处理后的自由曲线经过"输出"发送到正向设计软件上再进行操作。

5.2 Geomagic Wrap 曲线编辑的主要命令

　　曲线编辑命令包含"自由曲线""已投影曲线"和"输出"三个操作组,如图 5-1 所示。

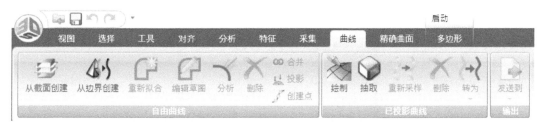

图 5-1　曲线命令框

5.2.1 "自由曲线"命令组主要命令

（1）"从截面创建"是在三维模型与创建的一个平面或者多个平行平面相交时，将平面与模型相交处的二维轮廓存储在一个曲线对象中。创建后的曲线如图 5-2 所示。

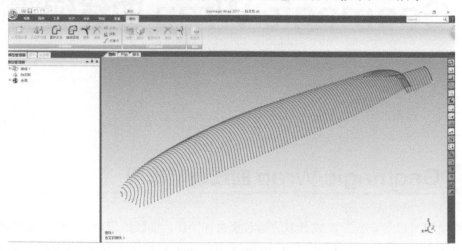

图 5-2　从截面创建的曲线

"从截面创建"对话框如图 5-3 所示。

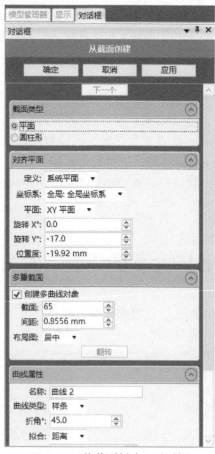

图 5-3　"从截面创建"对话框

① 在"截面类型"命令框中，勾选"平面"选项可以创建平面截面，勾选"圆柱形"选项可以创建圆柱形截面。

②"对齐平面"是指定叠加在对象上的基准平面，可以根据调配参数决定所需的截面位置、旋转角度等，以保证对截面的需求。

③"多重截面"是调整对齐平面的数量与间距，满足对截面曲线创建的要求。

④"曲线属性"主要用于确定生成曲线的名称，指定生成的是单样条曲线还是序列线弧曲线，可修改参数。

"显示"可进行显示曲线的断点或者显示光滑曲线的操作。

（2）"从边界创建"是通过多边形模型的一条或多条边界线创建曲线对象。创建后的曲线如图 5-4（a）所示。创建自由曲线之后的命令对话框如图 5-4（b）所示。

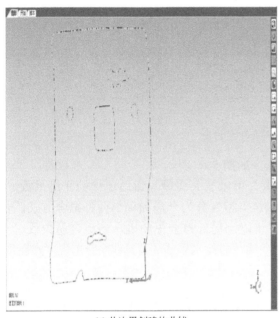

(a) 从边界创建的曲线　　　　　　　　　(b) "从边界创建" 对话框

图 5-4　从边界创建

①"选择边界"用来调整曲线的名称，点击鼠标左键选择想要获得曲线的位置，按住"Ctrl+ 左键"为取消选择。

②"控制点"命令框中，"控制点的分布"下拉菜单显示"适应性""公差"和"常数"，指定在构成曲线对象的单个曲线上创建控制点的方法。"适应性"指定沿着样条的控制点之间的固定距离。"公差"指定控制点放置常数，不管原始边界的长度或曲率如何，在曲线对象的每条线上建立绝对数量的控制点在样条上，使其与真截面的距离不超过这个值。"常数"不管原始边界的长度或曲率如何，在曲线对象的每条线上建立绝对数量的控制点。"控制点"指定沿样条的固定控制点数。"张力"调整控制点在曲线段上的张力，影响截面线的整体平滑度。

（3）"重新拟合"是指将样条曲线转换为线性曲线（样条曲线曲率大不易调整参数，线性曲线曲率具有规率性便于调整），以便于修改。可以通过命令修改草图，一次只能编辑一个这样的草图。草图可以通过收紧或放松曲线、调整被拟合区域的数据点之间的公差、拖动多线的个别点等方式来修改。曲线可以通过改变标记位置、重新分类线段和弧段的方式进行编辑。对于线弧轮廓中的点，蓝点是指定线条和弧线相对参考线上的位置，橙点表示警告，红点表示严重的错误，绿点可以通过拖动和操作编辑样条轮廓曲线。其中线段为青色，弧段为蓝色。 线段和弧段由标记分开，绿色标记表示线段之间的平滑连接。拟合过程如图 5-5 所示。

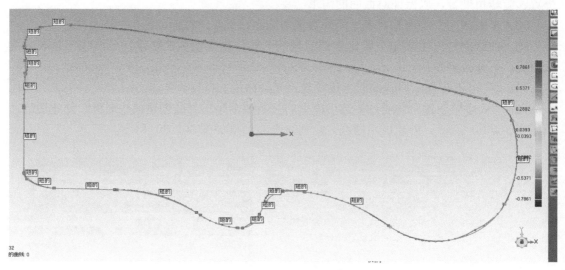

图 5-5　重新拟合过程

"重新拟合草图"对话框中包含的主要命令如图 5-6 所示。

①"设置"是对已有曲线的调整。"放大"可以放大线段与弧段连接的光滑系数。"剖面类型"的选择分为直线 - 圆弧和样条。"拟合类型"分为全局和局部两种拟合方式，全局拟合中的整个折线同时拟合，在某些情况下可能比局部拟合更精确，但更容易失败。当全局拟合失败，曲线将恢复到拟合状态之前。单击"捕捉水平线 / 垂直线"会出现"捕捉角度"文本框来定义捕捉线条的角度。

②"显示"主要通过勾选来显示所需要的信息。

③"剖面分析"用于分析所编辑的平面中，存在的厚点集、S 形曲线、短分段和远标记点。通过滑块控制分析问题的灵敏度大小，可以帮助创建一个更完美的轮廓曲线。

④"偏差分析"用于分析线段的色谱和统计点数之间的距离。

（4）"编辑草图"是通过创建直线、圆弧或编辑现有实体的方式，在草图中编辑曲线集，打开界面后如图 5-7 所示。

"编辑草图"命令能够编辑参数化表面的曲线，并使用不同的画图命令创建二维曲线。

"定向草图"是通过"编辑草图"命令访问命令的标签，通过多种方法快速定位到所需要的草图位置（如两点之间）。

"显示"是让图形选项卡显示与草图编辑相关的重要信息。

"编辑"包含多种可以对曲线进行绘制的命令，可以根据需要完成修改草图的工作。

"退出"可以保存已绘制的草图和退出编辑草图界面。

"编辑草图"命令不能用来编辑样条或三维曲线。在使用参数曲面时启动命令，则将使用已创建的草图作为配置文件来生成该曲面。在使用曲线时启动"编辑草图"命令，则对可以创建的内容没有任何限制，可以编辑简单的曲线，但曲线必须是平面线或弧曲线，否则不能使用该命令编辑。

重新拟合草图

| 确定 | 取消 | 应用 |

设置　　　　　　　　　　　　直线-圆弧 ▼

放大: 0.0

剖面类型: 直线-圆弧 ▼　　　　　样条

拟合类型: 局部 ▼ → 局部　　　直线-圆弧

☐ 捕捉水平/垂直线　　　　　全局

　　　　　　　　　　　线段

显示

☐ 轴　　　　　　　　☐ 点
☐ 忽略点　　　　　　☑ 参考多义线
☐ 拟合错误　　　　　☑ 曲线
☑ 偏差警告　　　　　☐ 以90度旋转

点显示尺寸: 最小值 ▼

剖面分析

问题个数: 15

☑ 厚点集　　　　　　☐

☑ S形曲线　　　　　☐

☑ 短分段　　　　　　☐

☑ 远标记点　　　　　☐

偏差分析

色谱

颜色段: 9

最大临界值: 0.20817 mm

最大名义值: 0.01041 mm

最小名义值: -0.01041 mm

最小临界值: -0.20817 mm

小数位数: 4

统计

最大距离:
　　　正: 0.208169 mm
　　　负: -0.146036 mm
平均距离: 0.000000 mm
　　　正: 0.002270 mm
　　　负: -0.002270 mm
标准偏差: 0.042675 mm

图 5-6　"重新拟合草图"对话框

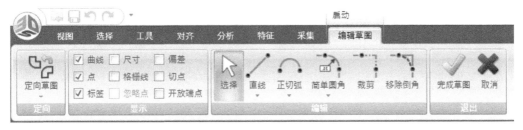

图 5-7　"编辑草图"命令框

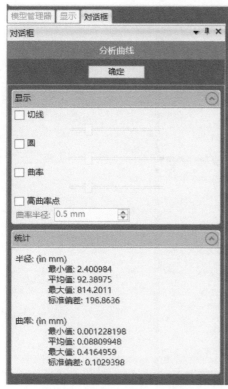

图 5-8 "分析曲线"对话框

（5）"分析"命令给出了四种不同的图像分析和一种曲线对象的数学分析（切线、圆、曲率、高曲率点），"分析曲线"对话框如图 5-8 所示。

"切线"是使曲线对象的每一点生成一条切线。曲线对象上的最高曲率由最密集的切线数组表示。

"圆"是在曲线物体的每一点生成一条垂直线，曲率在该物体上转换方向。

"曲率"是生成指向"曲线段"内部的弧线，生成后的线段长度相对于曲线对象上该位置的曲线。

"高曲率点"用于突出曲线对象的曲率。

"曲率半径"主要在选中高曲率点时使用，指定突出显示的曲线半径。

"统计"用于计算在物体的任何地方发现的最大、最小半径及曲率。

（6）"删除"命令表示删除已选定的曲线部分。在模型管理器中突出显示曲线对象，单击图形区域中的特定段，然后使用"Delete"键可以删除其中一个或多个曲线部分。

（7）"合并"是将两个或多个曲线对象合并为单个曲线对象，并从模型管理器中更新合并的曲线来替换之前的曲线。"输入名称字段"用于指定新组合对象的名称。

（8）"投影"将自由曲线投射到多边形对象的表面，从而在该多边形对象上创建投影曲线，"投影曲线"对话框如图 5-9 所示。

在"目标对象"命令中，选择自由曲线对象，将其投影到多边形。

"连接到锐化多边形"是将自由曲线的位置存储到目标对象，以便锐化多边形可以将自由曲线用作已存在的等高线。

"重新对长度采样"指重新建立投影曲线上顶点之间的距离，类似于重置曲线的函数。

（9）"创建点"表示从自由曲线创建指定密度的新点对象，"创建点"对话框如图 5-10 所示。

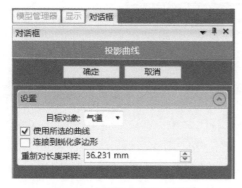

图 5-9 "投影曲线"对话框

图 5-10 "创建点"对话框

"名称"用于指定将在模型管理器中出现的点对象的名称。

"按间距"用于指定沿曲线对象创建点的间隔。

"按点数"表示通过点的数目指定沿曲线对象的每一行或每一循环均匀间隔的点数目。

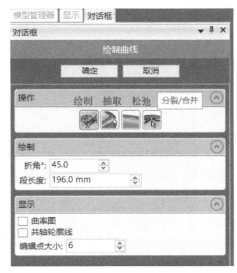

图 5-11　"绘制曲线"对话框

5.2.2 "已投影曲线"主要命令

（1）"绘制"是在点或多边形对象上自由绘制和操作曲线，"绘制曲线"对话框如图 5-11 所示。

① "操作"中包含创建投影曲线的四种方法，为了方便使用，在创建投影曲线界面按下相应的快捷键可以快速使用命令，四种方法对应的快捷键分别是：绘制——D、抽取——E、松弛——R、分裂 / 合并——S。

② "绘制"用于绘制新的轮廓线，需要单击一个点，然后单击后续的点。在绘图过程中不同颜色点有不同含义。绿点表示曲线的端点，一个有效的等高线是一个闭合循环，因此当绘图过程完成时，绿色端点将不存在。要强制将一个点作为线的端点，需要按" Esc"键退出后鼠标左键双击该位置。白点表示轮廓线上最近一次单击的点。红点表示一个角落，每边的线段角度因折痕角度不同时的点为红色，换句话说，这个标记被看作是一个角。黄点表示非拐点，如果线段角度的变化小于折痕角度，则标记为黄色。

绘制中还存在一些快捷操作，"移动现有边"通过鼠标左键拖动，任何颜色的现有标记都可以操作。"删除现有的边或点"通过" Ctrl+ 鼠标左键"来实现。"拆分"要将等高线段分为两段（从而插入黄色标记），通过双击实现。"创建轮廓线"通过点击鼠标左键，沿着凸起或凹进的方向拖动将会出现一条新的轮廓线（基于所拖动的特征），新的曲线段很可能有绿色终点，说明线段是不完整的，需要与其他曲线进行连接解决。"放松线段"是把有角度的线段松弛为一个曲线，左键拖动。通过移动鼠标的程度决定放松的程度，效果与松弛相似，可以更好地调整线段的曲率。

③ "抽取"是通过跟踪网格的凸起或凹进产生修剪曲线，此时单击一个点会有一组连续的线条绘制到表面，一条直线自动出现在点击的地方，沿着凸起或凹进向两个方向延伸。如果点击的不是明显的凸起或凹进，提取工具就会没有效果。提取的线条在沿凸起或凹进延伸时效果很好，但通常不会将这些线条与其他部分连接起来，要通过绘制完成所需的修剪曲线来实现。要删除现有的提取线段，按住" Ctrl"并用鼠标左键点击线条。对话框如图 5-12 所示。

④ "松弛"用来修改校正直线的弯曲程度，但只能对有角度的线段（两个最接近的红色标记之间）进行操作，额外的点击将加重松弛的现象。调整"公差"命令的数据值，可以指定每次单击时的校正程度。对话框如图 5-13 所示。

⑤ "分裂 / 合并"用于中断或恢复标记点处线段的连续性。通过对话框中的"绘制"命令栏来控制角度与长度。

⑥ "显示"命令框可以控制图形区域中对象的外观，在一个操作期间设置或清除一个复选框，对其他操作中的复选框具有相同的效果。

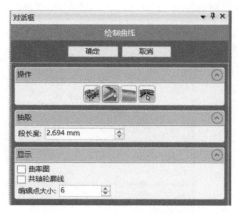

图 5-12 "抽取"对话框

图 5-13 "松弛"对话框

"曲率图"用于生成整个对象的颜色编码曲率颜色，作为在何处创建曲线的参考。通过键盘按键"＋"或"－"可改变曲率映射中出现的颜色范围。

"共轴轮廓线"用于选择是否指示共线轮廓的位置，共线轮廓是一条黄色或橙色轮廓线，进入一个交叉点并穿过，不在交叉点结束。

"编辑点大小"用于控制图形区域中轮廓线上出现的各种颜色标记的相对大小。

（2）"抽取"用于创建跟踪对象角度的"投影曲线"。在精确的叠加过程中，这些相互依存的曲线会变成有约束的修补分界线（线条颜色为红色）。"抽取曲线"命令框如图 5-14 所示。

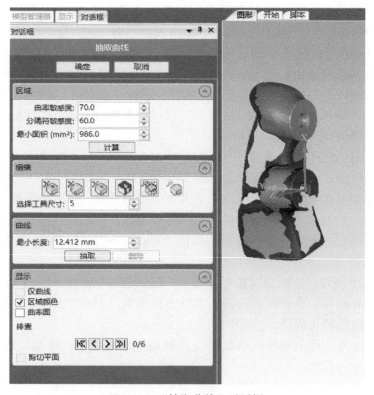

图 5-14 "抽取曲线"对话框

①"区域"命令框控制对象高曲率和低曲率部分的检测。相对平坦的区域会以明亮的颜色出现，平坦区域之间的分隔符会呈现红色，呈现出来的效果类似于地图中各区域的地理位置。"区域"命令框包含以下命令。

"曲率敏感度"用于调整对曲率的敏感程度，较高的值会提高相对平整度从而导致不同区域的数量增加。

"分隔符敏感度"用于决定区域分隔符的相对宽度（较高的值可以捕获更多的文件并创建更宽的红色分隔符），再提取等高线，然后扩展红色分隔符来制作等高线补丁操作；区域分隔符必须足够宽，从而包含所有或者绝大部分的底层文件，避免在等高线补丁旁边出现凹凸或接缝的现象。

"最小面积"用在检测到颜色区域和红色区域分隔符后（物体上任何相对平坦区域所允许的最小尺寸就是最小面积），调大这个数值会导致产生更多的区域分隔符和更多的平坦区域。

"计算"可以根据给定的参数检测区域和区域分隔符。

②"编辑"命令框用来调整自动检测到的区域分隔符（红色部分），包含以下命令。

"移除岛屿"用来进行移除尖角操作。

"移除小区域"用来实现去除小的平面区域（被已经选定的多边形所环绕的未选定多边形区域），通过选择这些区域将它们连接到一个区域分隔符。

"填充区域"用于填充所选择的区域。

"合并区域"用于将选定的不同区域合并为同一块区域，在视图中以相同颜色来展示。

"只查看所选"是从可视区域移除所有平面区域，但选取的区域除外（单击单个平面区域中的一个点，或单击并拖动鼠标以选择两个或多个平面区域来实现选取）。

"查看所有"用来恢复包含对象的所有颜色鲜艳的区域。

"选择工具尺寸"用于控制作为选择工具的画笔的大小。左键拖动鼠标在红色分隔符中选择更多的三角形，或者按住 Ctrl 键和鼠标左键拖动，从红色分隔符中取消选择三角形。

③"曲线"命令框用来控制区域分隔符内部的位置曲线，包含以下命令。

"最小长度"是用来指定在提取过程中自动收缩的等高线的长度。小于此长度的等高线是不收缩的。

"抽取"用于覆盖区域分隔符中的黄色或橙色轮廓线。

"删除"是指移除所有区域分隔符中的所有投影曲线，以便可以进一步编辑区域分隔符。

④"显示"命令框包含的主要命令如下。

"仅曲线"是显示区域中除橙色和黄色轮廓线外的所有内容，当轮廓线在区域分隔符中使用"抽取"覆盖后，可以勾选此命令。

"区域颜色"用于选择以多种明亮的颜色显示相对平坦的区域。

"曲率图"用来生成整个对象的颜色编码曲率映射，作为在何处抽取曲线的参考。按"＋"或"－"可改变曲率映射中出现的颜色范围。

"排查"用来系统地检查所有生成的曲线。

"剪切平面"用于保证被查看的区域不会被多边形对象的其他元素遮挡。此复选框勾选后生成选中区域的分离视图。

（3）"重新采样"用来改变选定投影曲线中的顶点数目。选择一条曲线后，它的顶点数会出现在对话框中。根据细节的需求，这个值可以增加也可以减少。"重新对曲线采样"对话框如图 5-15 所示。

图 5-15 "重新对曲线采样"对话框

"确定"用于保存对象上重新排列的投影曲线并关闭对话框。

"取消"用于不保存更改的情况下终止对话框。

"应用"用于重新构造选定的曲线，以包含给定数量的等距顶点。

"设置"命令框用于设定采样的具体参数，包含以下命令。

"顶点"用于指定在图形区域中选择的投影曲线上均匀间隔的顶点数目（只能输入正整数）。

"清除"是指从顶点字段中删除值，并将顶点数还原为原始计数。

（4）"删除"命令用于移除活动对象的所有投影曲线。

（5）"转为"命令用于将投影曲线转换为自由曲线或边界，包含以下命令。

"边界"用于将所有投影曲线转换为边界线。

"自由曲线"用于将点或多边形对象上的投影曲线转换为自由曲线对象，并将其存储在模型管理器中。"转为自由曲线"对话框如图 5-16 所示。

①"控制点"命令框包含以下命令。

"控制点的分布"命令下拉出现"适应性""基于公差"和"常数"三个选项，用于建立控制点的放置规则，最终影响曲线对象的位置和平滑度。"适应性"是根据最长曲线的长度设置来控制点的数目。

"最大控制点数"用于指定最长边界的控制点数目，基于这个数字，控制点之间的间隔相等。

"控制点间隔"是自动计算的。"控制点间距"用于指定控制点之间的固定距离。这两个数值相互关联，改变其中一个另一个就会跟着改变。

"张力"是在所建议的曲线对象上，设置一定程度的弹性。

"基于公差"用于根据误差、公差和原始曲线的曲率建立出所选定的曲线对象的位置。会在高曲率区域插入更多的控制点，在低曲率区域插入更少的控制点。命令中可修改的参数有："错误公差"，通过指定所提曲线对象可能偏离原曲线对象的最大距离。

"常数"用于确定曲线物体每一行控制点的绝对数目，使控制点的数量不因原边界的长度或曲率而改变。常数布局中可以更改的参数有："控制点"，用于指定包含曲线对象的每一行中控制点的确切数目；"张力"，用于在所建议的曲线对象上，设置一定程度的弹性。

图 5-16 "转为自由曲线"对话框

②"曲线对象"是描述将在模型管理器中创建的曲线对象。"名称"用于指定要分配给新曲线对象的名称。"OK"用于保存新的曲线对象给模型管理器并关闭对话框。"取消"用于在不保存曲线对象的情况下终止对话框。

5.2.3 "输出"命令介绍

"发送到"命令可以将模型数据发送到正向建模软件,在正向建模软件中打开曲线,得到的曲线可以提供参考,以供进一步分析。选项中可以指定接收数据的程序,如 CAD、Solid Works 和 UG NX 等。

第6章
Geomagic Wrap 多边形阶段处理

6.1 Geomagic Wrap 多边形阶段处理概述 ▶▶▶

　　多边形是将预处理过的点云集，用多边形相互连接，形成多边形，其实质是数据点与其临近点间的拓扑连接关系以三角面的形式反映出来。点云数据集所蕴含的原始物体表面的形状和拓扑结构可以通过三角面的拓扑连接揭示出来。

　　然而，点云在转换为多边形后，多边形模型的合法性和正确性存在很大问题。由于点云数据的缺失、噪声、拓扑关系混乱、顶点数据误差、网格化算法缺陷等原因，转换后的网格会出现网格退化、自交、孤立、重叠以及孔洞等错误。这些缺陷严重影响网格模型后续处理，如曲面重构、快速原型制造、有限元分析等。

　　在多边形阶段，有许多命令可以用来调整三角面。这些命令包括三角形删除、光滑曲面的多种方法、填充孔和边修补技术。简化是在保持主要曲面结构的基础上，减少多边形数量的方法。快速原型本质上（抽壳、加厚和偏移多边形曲面）只需轻轻一点便可完成操作，为了改进曲面，松弛、重定义、填充孔、锐化、平面截面、偏移曲面、抽壳曲面、加厚曲面和松弛/拟合边界工具能改变点集的坐标系和可能增加一些点。多边形阶段主要操作命令如图6-1所示。

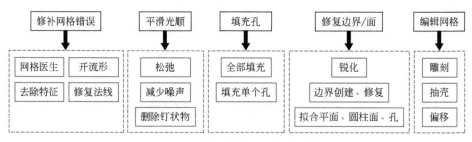

图6-1　多边形阶段主要操作命令

　　多边形阶段处理流程并没有严格的顺序。对于某个具体模型，需要针对该模型的具体问题选择某个操作，常见情况下的处理流程为修补错误网格、平滑光顺网格表面、填充孔、修复边界/面以及编辑网格命令，根据模型的具体要求选择是否执行。

　　多边形阶段处理非常重要，因为处理后的模型必须具有最好的质量才能进入 Shape 阶段，为生成 NURBS 曲面做准备。

6.2　Geomagic Wrap多边形阶段处理的主要命令

多边形阶段处理命令包含"修补""平滑""填充孔""联合""偏移""边界""锐化""转换"和"输出"九个命令组，如图6-2所示。

图6-2　"多边形"工具栏

6.2.1　"修补"命令组主要命令

"修补"命令组包含一系列修复命令，以修复点云网格化过程中出现的错误，操作界面如图6-3所示。

图6-3　"修补"命令组界面

（1）"删除"用于从对象中删除所选多边形，功能同删除（Delete）键。

（2）"网格医生"能自动检测并修复多边形网格内的缺陷。

（3）"简化"能减少三角形数目，但不影响曲面细节和颜色。

（4）"裁剪"是指在对象上叠加一个平面或曲线对象，并移除该对象一侧的所有三角形网格，或在网格与平面的交界处创建一个人工边界。可通过使用平面、曲面、薄片进行裁剪，在交点处创建一个人工边界。其中：

"用平面裁剪"表示在对象上叠加一个平面并移除该平面对象一侧的所有网格，或在交点处创建一个人工边界；

"用曲面裁剪"表示在多边形网格上剪出具有投影修剪曲线形状的部分；

"用薄片裁剪"表示使用二维曲线切割多边形对象，以从多边形对象上切除一个三维块。

（5）"流形"是用于删除非流形三角形网格的一组命令。可通过使用开流形、闭流形进行删除非流形三角形网格。流形三角形是与其他三角形三边相接或两边相接（一边重合）的三角形。其中：

"开流形"表示从开放的流形对象上删除非流形三角形，该命令将会删除孤立网格；

"闭流形"表示从封闭的流形（体积封闭）对象上删除非流形三角形，在开放的流形对象上，所有三角形均会被视为非流形，并且整个对象会被删除。

（6）"去除特征"用于删除选择的特征并填充删除特征后产生的孔。

（7）"重划网格"是指重新划分或重建多边形网格的一组命令。可通过使用重划网格、细化、重新封装进行重新划分或重建多边形网格。其中：

"重划网格"表示对网格重新封装，产生一个更加统一的三角面；

"细化"表示按用户定义的系数细分多边形，以在对象上或所选区域内增加多边形数目；

"重新封装"表示在多边形对象的所选位置上重建多边形网格。

（8）"优化网格"是指对多边形网格（或所选网格）重分网格，不必移动底层点以更好地定义锐化和近似锐化的结构。

（9）"增强网格"是指在平面区内对网格进行细化，以准备对网格进行曲面设计，在高曲率区域增加点而不破坏形状。

（10）"修复工具"是指修复完善多边形网格的一组命令。可通过使用编辑多边形、修复法线、翻转法线、拟合到平面、拟合到圆柱面、Unroll 进行修复完善多边形网格。其中：

"编辑多边形"表示对单个多边形的三角剖分进行编辑处理；

"修复法线"表示修复由缠绕嘈杂的点对象导致的多边形的法线方向；

"翻转法线"表示翻转多边形网格的法线方向；

"拟合到平面"表示通过选择多边形来拟合平面；

"拟合到圆柱面"表示通过选择多边形来拟合圆柱面；

"Unroll"表示展开命令，执行柱面展开操作，其中 Z 作为主轴，X 作为次轴。

6.2.2 "平滑"命令组主要命令

"平滑"命令组用于对网格进行平滑操作，消除尖角，使表面更加光顺，操作界面如图6-4所示。

（1）"松弛"是指最大限度减少单独多边形间的角度，使多边形网格更加平滑。

（2）"删除钉状物"可以检测并能展平多边形网格上的单点尖峰。

（3）"减少噪声"能将点移至统计的正确位置，以弥补误差（比如扫描设备自身误差）。噪声会使锐边变钝，使平滑曲线边不平滑。

（4）"快速光顺"用于使多边形网格或所选部分网格更加平滑，并使网格大小一致。

（5）"砂纸"是指使用自由手绘工具使多边形更加平滑。

6.2.3 "填充孔"命令组主要命令

"填充孔"命令组能对孔洞进行识别与填充，操作界面如图6-5所示。

图6-4 "平滑"命令组界面

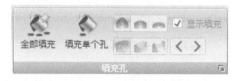

图6-5 "填充孔"命令组界面

（1）"全部填充"是指自动识别所选择的孔，并填充所筛选的孔。

（2）"填充单个孔"是指填充所选择的单个孔。

右上为填充孔的方式命令，选中以上某个填充孔命令时激活，从左至右分别为曲率、切线、平面。

"曲率"表示对指定的新网格必须匹配周围网格的曲率。

"切线"表示对指定的新网格必须匹配周围网格的切线。

"平面"表示对指定的新网格大致平坦。

右下为识别孔的样式命令，只有在选中填充单个孔命令时激活，从左至右分别为内部孔、边界孔、搭桥。

"内部孔"表示对指定孔洞填充一个完整开口的孔，单击选择孔的边缘即可填充。

"边界孔"表示对指定孔洞填充一个部分孔，在孔的边缘单击一点以指定起始位置，在孔的边缘单击另一点来指定局部填充的边界，最后单击边界线一侧，以选择填充孔的位置是在边界线的"左侧"或"右侧"。

"搭桥"表示对指定的填充孔指定一个通过它的桥梁，以将孔分成可分别填充的孔。使用该功能将复杂的孔划分为更小的孔，以便更精确地进行填充。在孔的边缘上单击一点，将其拖至边缘上的另一点，然后松开按键以创建桥梁的一端，当再次松开按键时，桥梁创建成功。

6.2.4 "联合"命令组主要命令

"联合"命令组操作界面如图 6-6 所示。

（1）"合并"是指将选择的两个或多个多边形对象合并为单独的复合对象。该命令可以自动执行降噪，全局注册与均匀采样，并能将"模型管理器"中产生的多边形对象放到名为"合并 N"的对象里面。

（2）"曲面片"是指合并一个已经存在的点云对象或多边形对象到一个新的多边形对象，使其更好地拟合。

（3）"联合"是指通过两个或多个活动多边形对象创建单独的多边形对象。

（4）"布尔"是指生成一个新的对象。这个新的对象能作为两个活动对象的交集或并集，或一个对象减去其与其他对象交集的新对象。

（5）"平均值"是指创建一个作为两个或更多原始对象平均值的新的活动对象。

6.2.5 "偏移"命令组主要命令

"偏移"命令组操作界面如图 6-7 所示。

图 6-6 "联合"命令组界面　　　图 6-7 "偏移"命令组界面

（1）"雕刻"是指以交互的方式来改变多边形形状的一组命令。可使用雕刻刀、用曲线雕刻、区域变形进行交互来改变多边形形状。其中：

"雕刻刀"表示对自由形式的网格允许修改，可以设定刀具（指定宽度、高度或深度）以添加或删除材料；

"用曲线雕刻"用于对需要修改的网格使用导向曲线来修改网格；

"区域变形"表示对需要修改的网格，通过设置椭圆形参数，以使区域凸起和凹陷精确数量的网格。

（2）"抽壳"是指允许创建一个封闭体的一组命令。通过抽壳、加厚这些命令可以创建一个封闭体。其中：

"抽壳"用于对沿单一方向复制和偏移网格以创建厚度，从而生成具有体积的多边形对象；

"加厚"用于对沿两个方向复制和偏移网格以创建厚度，从而生成具有体积的多边形对象。

（3）"偏移"是指可以使多边形网格面网格凸起和凹陷精确数量的一组命令。通过偏移整体、偏移选择、雕刻、浮雕这些命令使多边形网格面网格凸起和凹陷精确数量。其中：

"偏移整体"用于应用均匀偏移命令偏移整个模型使对象变大或变小；

"偏移选择"用于沿法线正向或负向使选中的一组多边形凸起或凹陷一定距离，并在周围狭窄区域内创建附加三角形来确保整个曲面不被破坏；

"雕刻"用于在多边形网格上创建凸起或凹陷的字符，但是该命令只适用美制键盘字符；

"浮雕"用于在多边形网格上浮雕图像文件以进行修改。

6.2.6 "边界"命令组主要命令

"边界"命令组操作界面如图6-8所示。

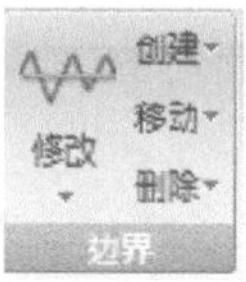

图6-8 "边界"
命令组界面

（1）"修改"是指在多边形对象上修改边界的一组命令。可以在多边形对象上通过编辑边界、松弛边界、创建/拟合孔、直线化边界、细分边界这些命令来进行多边形对象的边界修改。其中：

"编辑边界"用于使用控制点和张力重新建立一个人工边界；

"松弛边界"用于使用松弛多边形网格使自然边界更加平滑；

"创建/拟合孔"用于切出一个完好的孔，将锯齿状孔转化为完好的孔，或调整孔的大小并创建一个有序的自然边界；

"直线化边界"用于在现有边界线上确定两个点，并选择需要直线化的边界部分，以创建直线边界；

"细分边界"用于沿边界线标记特殊点，使其在编辑边界时作为端点。

（2）"创建"是指在多边形对象上创建人工边界的一组命令。可以在多边形对象上通过样条边界、选择区边界、多义线边界、折角边界这些命令来进行多边形对象人工边界创建。其中：

"样条边界"用于根据用户控制点布局创建一个样条，并将样条转化为边界；

"选择区边界"用于选择一组多边形周边来创建边界；

"多义线边界"用于沿用户选择的顶点路径创建一个边界；

"折角边界"用于在法线相差指定角度或更大角度的每对相邻多边形之间创建边界。

（3）"移动"是指可以移动现有边界的一组命令。通过投影边界到平面、延伸边界、伸出边界这些命令使多边形网格现有边界进行移动。其中：

"投影边界到平面"用于将边界投影到平面，即将接近边界的现有三角面拉伸，以将选择的边界投射到用户定义的平面；

"延伸边界"用于按周围曲面提示的方向投射一个选择的自由边界；

"伸出边界"用于将选择的自然边界投射到与其垂直的平面。

（4）"删除"是指移除非自然边界的一组命令。使用删除边界、删除全部边界、清除细分点这些命令可以使多边形非自然边界移除。其中：

"删除边界"用于从对象上删除一个或多个边界；

"删除全部边界"用于从对象上删除所有边界（不包括自然边界），清除包括细分边界在内（不包括自然边界）的所有边界；

"清除细分点"用于从选择的三角形区域中移除细分点。

6.2.7 "锐化"命令组主要命令

"锐化"命令组用于对对象边界锐化，并提取出边界，操作界面如图6-9所示。

（1）"锐化向导"是指用户在锐化多边形对象的过程中引导命令。可在锐化多边形的过程中引导用户，本组其他三个工具是"锐化向导"命令的补充，在锐化向导失败后（如出现网格自相交），使用其他三个命令可以从前期锐化向导失败的步骤开始手动执行锐化。

图6-9 "锐化"
命令组界面

（2）"延伸切线"是指从两个相交形成锐角的平面中各引出一条"切线"，通过交点确定锐角边的位置。

（3）"编辑切线"是指修改曲线上的顶点位置，或固定顶点位置使其他命令无法影响它们。

（4）"锐化多边形"是指延长多边形网格以形成"延长切线"提示的锐角边。

6.2.8 "转换"命令组主要命令

"转换"命令组能将多边形对象转换为点云对象，操作界面如图6-10所示。

图6-10 "转换"
命令组界面

"转为点"是指用户可以通过移除三角面而保留优先权的点云，进而转换多边形对象到点云对象。

6.2.9 "输出"命令组主要命令

"输出"命令组能将模型数据输出到其他软件中再编辑，操作界面如图6-11所示。

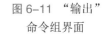

图6-11 "输出"
命令组界面

"发送到"是指允许用户可以通过本命令将模型数据发送到其他的应用中，以便进一步分析。软件支持将模型数据发送到 Geomagic Design Direct、SpaceClaim Engineer 等其他正、逆向建模软件中。

6.3 三角网格面基本处理

三角网格面基本处理是通过编辑点云，采用各种采样方式减少点的数量，同时保持点云的几何形状，三角网格化点云，初步使用三角网格功能。

三角网格面基本处理通过"填充孔""去除特征""网格医生""编辑边界""简化""砂纸""松弛"等初级阶段的常用命令操作基本实现多边形的规则化，使模型表面变得更加光滑，为后续曲面模块打下基础。常用命令各按钮功能如表 6-1 所示。

表 6–1　三角网格面基本处理常用命令各按钮功能

命令按钮	功　　能
填充孔	探测并填补多边形模型的孔洞
去除特征	删除选择的三角形并填充产生的孔
网格医生	自动修复多边形网格内的缺陷
编辑边界	修改多边形模型的边界
简化	减少三角面的数量但不影响曲面的形状或颜色
松弛	最大限度减少单独多边形间的角度
砂纸	使用自由手绘工具平滑多边形网格

6.3.1　打开素材 wrp 文件

启动 Geomagic Wrap 软件后，点击快速启动栏"打开"按钮图标或" Ctrl+O "或拖动数据到视窗里（也可拖到模型管理面板），打开 wrp 文件。该模型为鞋模的凹模，细纹较多，点云复杂，打开效果如图 6-12。

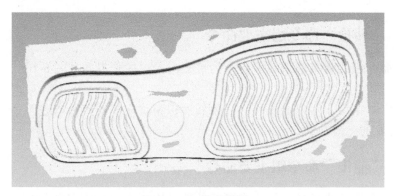

图 6–12　模型效果

6.3.2　封装处理

点击"封装"图标，进入对话框，如图 6-13 所示。
直接点击"确定"，软件将自动计算，将点转换成三角面，封装效果如图 6-14 所示。

6.3.3　全部填充

点击"全部填充"图标，进入对话框，如图 6-15 所示。

图 6-13 "封装"对话框

图 6-14 封装效果

图 6-15 "全部填充"对话框

在"取消最大项"中输入"1"，点击"应用"，效果如图6-16所示。

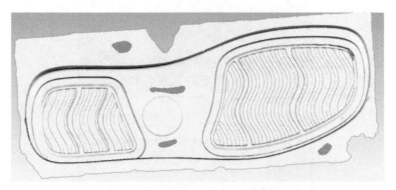

图6-16 "取消最大项"输入"1"应用后效果

然后点击"确定"，软件将自动填充所选的孔洞，如图6-17所示。

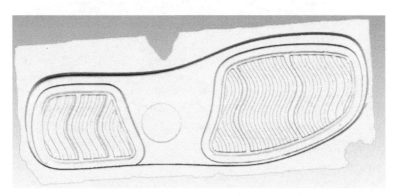

图6-17 "全部填充"对话框点击"应用"后点击"确定"效果

"全部填充"对话框命令的功能说明如表6-2所示。

表6-2 "全部填充"对话框命令功能说明

操作命令	功　能
取消选择最大项	根据边界周长大小进行排列，输入 n（n 为一个位于 0 和 13 之间的整数），则取消排在前面的 n 个孔
忽略复杂孔	勾选后则不填充复杂边界的孔洞
最大周长	表示当孔的周长小于输入值时，才会被填充
自动化	用于设置选择填充孔的规则

6.3.4　填充单个孔

点击"填充单个孔"图标，选择填充方式中的第二个图标"边界孔填充"，在缺口处点击"1"，然后点击"2"，然后选择需填充的边界，软件将根据周边区域的曲率变化进行填充，按"Esc"键退出命令。边界孔单个填充效果如图6-18所示。

单个填充孔时点击右键，有"选择三角形""选择边界""区域变形""删除浮点数据"和"剪切平面"等命令。

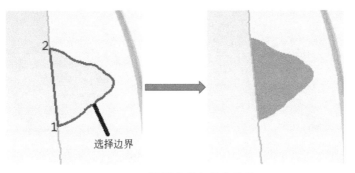

图 6-18　边界孔单个填充效果

"填充单个孔"命令功能说明如表 6-3 所示。

表 6-3　"填充单个孔"命令功能说明

操作命令	功　　能
内部孔	填充封闭的孔洞
边界孔	填充未封闭的边界孔洞
搭桥	桥连两片不相关的边界
曲率	常用的以曲率方式填充（默认）
切线	以切线方式填充
平面	以平面方式填充

同样的方法填补其他部分的边界，如图 6-19 所示。

图 6-19　边界孔填充效果

6.3.5　去除特征

使用"多义线选择工具"（Ctrl+U）选中中间字母，点击"多边形工具栏"下的"去除特征"图标，软件将自动去除凸起部分，如图 6-20 所示，按"Ctrl+C"取消选择（取消红色区域）。

同样的方法，将鞋模点云的印有 42 的凸台和右上角的小凸起去除，如图 6-21 所示。

6.3.6　网格医生

点击"多边形工具栏"下的"网格医生"，进入"网格医生"对话框，如图 6-22 所示。

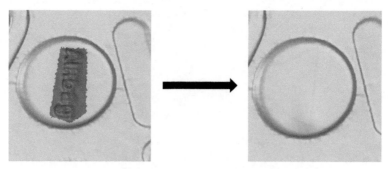

图 6-20　去除特征效果（1）

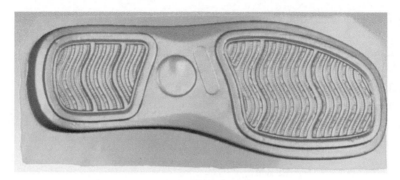

图 6-21　去除特征效果（2）

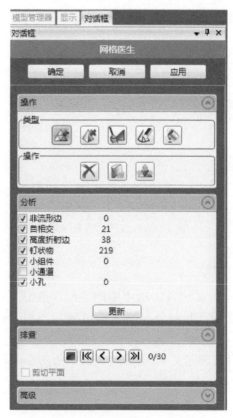

图 6-22　"网格医生"对话框

软件将自动选中有问题的网格面，如图 6-23 所示。

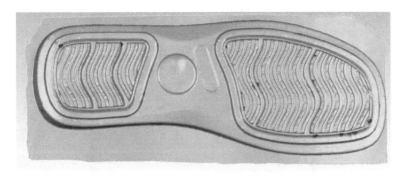

图 6-23　网格医生选中网格面

点击"应用"后点击"确定"，效果如图 6-24 所示。

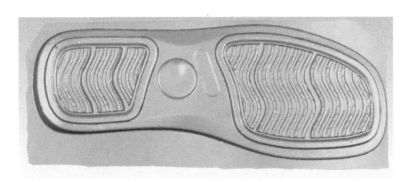

图 6-24　"网格医生"对话框点击"应用"后点击"确定"效果

"网格医生"对话框命令功能说明如表 6-4 所示。

表 6-4　"网格医生"对话框命令功能说明

操作命令	功　能
操作	包含类型和操作，类型里"删除钉状物""清除""去除特征""填充孔"几种处理方式，"自动修复"包含所有处理方式；操作里可选择对红色选中区域的处理方式，比如"删除"（删除红色区域）、"创建流形"（删除非流形三角形）、"扩展选区"（扩大红色区域）
分析	表示选中的三角面属于哪种错误类型及多少
排查	可逐个显示有问题的三角面
高级	高级设置选择规则

6.3.7　编辑边界

点击"多边形工具栏"下"边界"命令组的"修改"下拉菜单，点击"编辑边界"图标，弹出"编辑边界"对话框，如图 6-25 所示。

首先选中"部分边界"单选框，在直边首尾处点击两点，再选中绿色需编辑的边如图 6-26 所示。设置控制点为"原来的 1/3"、张力为"0.1"后，点击"执行"。

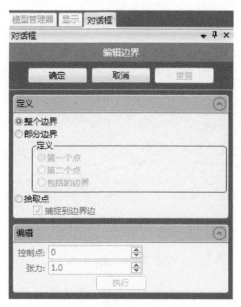

图 6-25 "编辑边界"对话框

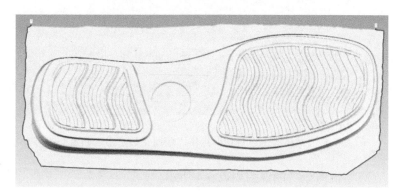

图 6-26 编辑边界（1）

"编辑边界"对话框命令功能说明如表 6-5 所示。

表 6-5 "编辑边界"对话框命令功能说明

操作命令	功 能
定义	设置编辑边界的模式，分别有整个边界、部分边界、拾取点模式
整个边界	直接选中需编辑的边界，通过输入控制点数量和张力使边界变得光顺
部分边界	通过选择两个点和两点间的边界，再输入控制点数量和张力使局部边界变得光顺
拾取点	通过手动指定控制点的位置和数量，对边界进行编辑
编辑	包含控制点和张力
控制点	可以设置选中边界的控制点数量，控制点越多越接近边界原状，控制点是控制曲线走势（曲率变化）的点
张力	设置越大边界越平直，类似于平滑强度

　　编辑边界通常无需使用，使用该命令将改变点云的边界形状，编辑后将影响后续逆向造型。同样的方法设置模型下边界如图 6-27 所示。

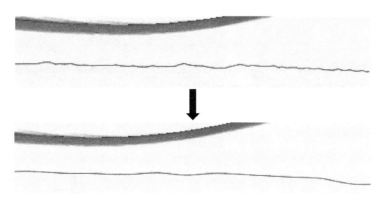

图 6-27　编辑边界（2）

选择"拾取点"模式，分别在斜角端点点击，再点击"执行"，系统将边界拟合成具有2个控制点的直边如图 6-28 所示。

图 6-28　编辑边界（3）

同样的方法将剩余几条边界进行优化，处理后的模型，如图 6-29 所示。

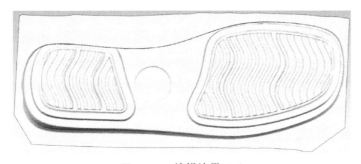

图 6-29　编辑边界（4）

6.3.8　简化

点击"多边形工具栏"下"修补"命令组中的"简化"进行多边形简化，弹出"简化"对话框，如图 6-30 所示。

将"减少到百分比"设为"70"后，勾选"固定边界"，点击"应用"后点击"确定"，效果如图 6-31 所示。

图 6-30 "简化"对话框

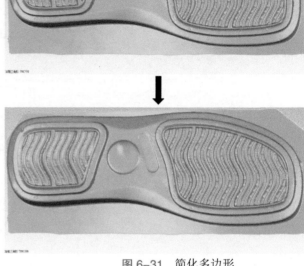

图 6-31 简化多边形

在左边"显示"面板下的"几何图形显示"工具栏下勾选"边",可显示模型的三角边。简化多边形和细化多边形是相对的。

"简化多边形"对话框命令功能说明如表 6-6 所示。

表 6-6 "简化多边形"对话框命令功能说明

操作命令	功　　能
设置	减少模式用于选择简化模式,一是按三角形数量变化(三角形计数),二是根据公差大小(公差)
三角形计数	显示当前状态下的三角形数量,减少到百分比则用于直接设定百分比进行简化
公差	根据公差大小进行简化时,需设置最大公差和较小三角形限制。最大公差用于指定顶点或位置移动的最大距离;较小三角形限制用于指定简化后的三角形数量
固定边界	表示简化时尽量保持原有的多边形边界
高级	用于设置简化时的优先参数,一是曲率优先,二是网格优先
曲率优先	表示在高曲率区域尽可能保留更多三角面
网格优先级	要求简化时尽可能均匀分布网格

6.3.9　松弛 / 砂纸

点击"多边形工具栏"下"平滑"命令组的"松弛"图标,弹出"松弛多边形"对话框如图 6-32 所示。

强度调至第 2 格,勾选"固定边界",点击"应用",效果如图 6-33 所示,然后点击"确定"。"松弛"针对整个模型,而"砂纸"用于局部优化。

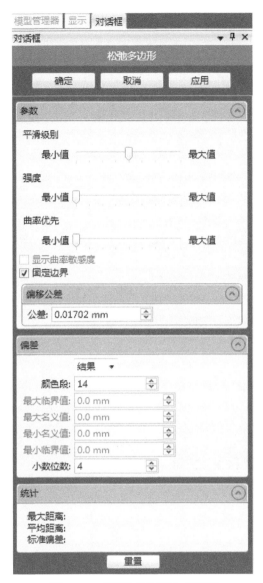

图 6-32　"松弛多边形"对话框

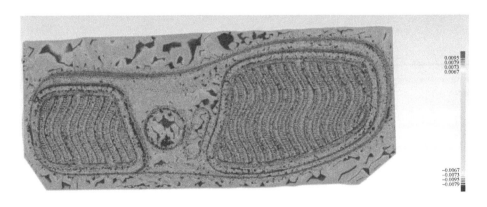

图 6-33　松弛应用色谱统计

"松弛"对话框命令功能说明如表 6-7 所示。

表 6-7 "松弛"对话框命令功能说明

操作命令	功　能
参数	用于选择松弛模式
平滑级别	用于设置松弛后多边形表面的平滑程度
强度	用于设置松弛的力度
曲率优先	表示在高曲率区域尽可能不进行松弛
固定边界	表示松弛时尽量保持原有的多边形边界
显示曲率敏感度	在多边形模型上实时显示曲率变化图
偏移公差	用于选择松弛模式偏移公差范围
偏差	以色谱图的形式显示每块区域松弛后的偏差，也可对色谱图进行编辑（自定义颜色段、最大最小临界值、最大最小名义值、小数位数）
统计	用于模型松弛后偏差的统计
最大距离	表示松弛后偏差的最大距离
平均距离	表示松弛后偏差的平均距离
标准偏差	根据松弛后每个点的偏差求出

6.3.10　保存文件

到此通常的扫描数据处理就完成了，在左边"模型管理器"面板中右键点击合并点 1（三角面），选择"保存"，弹出"保存"对话框如图 6-34 所示，输入文件名，保存类型选择 STL（binary）文件，点击"保存"按钮。

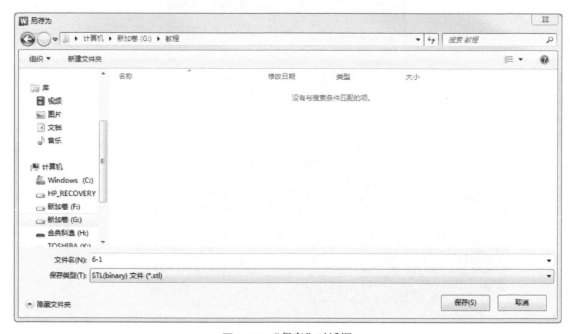

图 6-34　"保存"对话框

6.4 三角网格面高级处理

三角网格面高级处理通过熟悉高级阶段的常用命令，使用填充孔命令修补丢失数据，用锐化向导还原模型的棱角，平面截面修剪多边形，创建基准将多边形对齐到全局坐标系等。最终目的要生成一个封闭的、光顺的多边形模型。常用命令各按钮功能如表6-8所示。

表6-8　常用命令各按钮功能

命令按钮	功　　能
填充单个孔	填充单个孔
锐化向导	对多边形的曲率较大处进行锐化
有界组件	删除选择的三角形并填充产生的孔
拟合到平面	根据点云拟合为平面
拟合孔	根据边界拟合为孔
伸出边界	将选择的自然边界投射到与其垂直的平面
编辑边界	修改多边形模型的边界
简化	减少三角面的数量但不影响曲面的形状或颜色
松弛	最大限度减少单独多边形间的角度
砂纸	使用自由手绘工具平滑多边形网格
平面截面	使用平面截取多边形，形成规则的平面边界

6.4.1　打开素材 wrp 文件

启动 Geomagic Wrap 软件后，点击快速启动栏"打开"按钮图标或按"Ctrl+O"键或拖动数据到视窗里（也可拖到模型管理面板），打开 wrp 文件。该模型为钣金冲压模的凸模，包含了 22 万个三角形。打开效果如图 6-35 所示。

6.4.2　填充单个孔

点击"多边形工具栏"下"填充孔"命令组的"填充单个孔"图标，选择填充方式中的第一个图标"内部孔"封闭填充，点击孔边界进行填充，软件将根据周边区域的曲率变化进行填充，按 Esc 键退出命令，按"Ctrl+D"键进行全屏显示，孔填充效果如图 6-36 所示。

6.4.3　去除特征

旋转并放大模型，按"Ctrl+U"键进行多义线选择，最后按 Space 键进行多义折线封闭，点击"多边形工具栏"下的"去除特征"图标，软件将自动去除凸起部分，按"Ctrl+C"取消选择（取消红色区域）。同样方法删除掉上面的一个凸起，去除特征效果如图 6-37 所示。

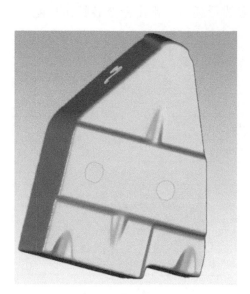

图 6-35　模型效果

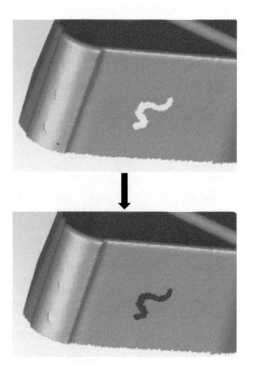

图 6-36　孔填充效果

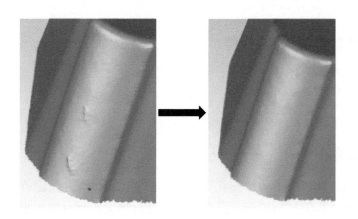

图 6-37　去除特征效果

6.4.4　砂纸

点击"多边形工具栏"下"平滑"命令组的"砂纸"图标，弹出"砂纸"对话框，如图 6-38 所示。

在粗糙的三角面上按住鼠标左键来回移动，圆圈所能达到的区域，三角形都会进行局部松弛和光滑，打磨完后点击"确定"如图 6-39 所示。

"砂纸"对话框命令功能说明如表 6-9 所示。

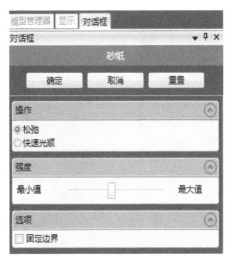

图 6-38 "砂纸"对话框

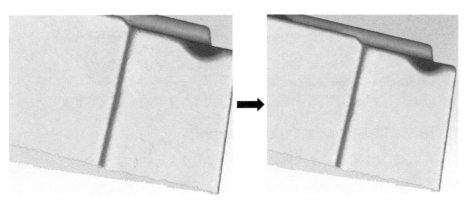

图 6-39 砂纸效果

表 6-9 "砂纸"对话框命令功能说明

操作命令	功　能
操作	设置打磨类型，包含松弛和快速平滑处理
松弛	通过松弛多边形表面达到去除局部特征的目的
快速光顺	通过去除表面不规则三角形达到去除局部特征的目的
强度	设置打磨的程度，强度越大，特征去除越明显，一般将强度拉至中间即可
选项	固定边界表示打磨时尽量保持原有的多边形边界

6.4.5　锐化向导

点击"多边形工具栏"下"锐化"命令组的"锐化向导"图标，弹出"锐化向导"对话框如图 6-40 所示。

点击"计算"，系统将自动计算高曲率区域，锐化效果如图 6-41 所示。

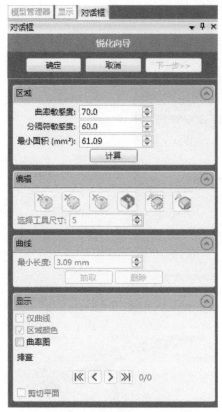

图 6-40 "锐化向导"对话框　　　　　　图 6-41 锐化效果（1）

"锐化向导"对话框命令功能说明如表 6-10 所示。

表 6-10 "锐化向导"对话框命令功能说明

操作命令	功　能
区域	用于锐化时设置区域分隔的参数，包含曲率敏感性、分隔符敏感性、最小面积等
曲率敏感度	用于设定探测曲率时的敏感程度，值越大，探测到的曲率边越多
分隔符敏感度	用于设定探测分隔符时的敏感程度（值越大，探测到的曲率带就越宽）
最小面积	用于设定曲率平滑区域的最小面积
编辑	用于删除模式和选择模式选择
删除孤岛	表示取消选择离散的小区域
删除小区域	表示取消面积较小的选中区域
填充区域	表示手动分隔曲率平滑区域，选择系统未自动选中的高曲率区域
合并区域	表示可以合并分割出的几个区域
只查看所选	表示只显示所选择的区域
查看全部	只查看所选部分后，点击"查看全部"显示全部区域
曲线	用于对轮廓线的抽取和修改
最小长度	用于设定所选可以抽取出轮廓线的最小长度
抽取	根据所选区域提取出轮廓线
删除	对已抽取的轮廓线进行删除，并返回区域选中状态
显示	用于观察轮廓线的抽取效果，同时也可观察曲线"仅曲线""区域颜色"和"曲率图"，松弛项通过松弛多边形表面达到去除局部特征的目的

接下来手动删除或添加一些区域，添加区域直接使用画笔工具进行勾选；删除区域则按住"Ctrl"键，用画笔工具取消红色区域。点击"删除岛"，将手动"取消选择"留下的离散区域进行删除。两条红色区域相交时，必须将其分开。然后依次对具体位置进行锐化处理，先是对模型上表面近似三角面与中间凸台连接位置进行锐化处理，效果如图6-42所示。接着对凸台后面的两个不同颜色平面位置进行锐化处理，效果如图6-43所示。最后的效果如图6-44所示。

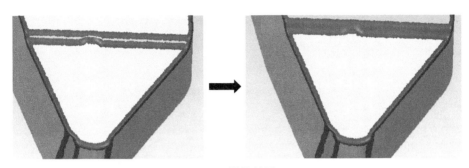

图6-42　锐化效果（2）

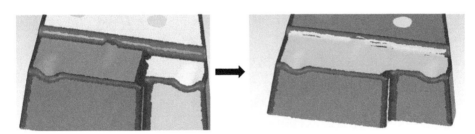

图6-43　锐化效果（3）

图6-44　锐化效果（4）

点击"抽取"，将轮廓线提取出来，点击下一步进入"锐化向导"轮廓线编辑对话框，如图6-45所示。

"锐化向导"轮廓线编辑对话框命令功能说明如表6-11所示。

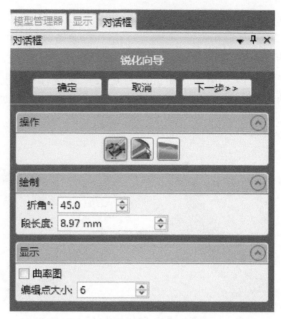

图 6-45 "锐化向导"轮廓线编辑对话框

表 6-11 "锐化向导"轮廓线编辑对话框命令功能说明

操作命令	功　能
操作	用于对轮廓线进行绘制、抽取、松弛
绘制	通过在多边形上点选进行轮廓线创建
抽取	通过选取区域系统自动拟合轮廓线
松弛	对轮廓线进行光顺
显示	用于显示模型的曲率分布图，便于创建轮廓线

　　手动调整轮廓线上的节点，左键点击黄色的点进行拖动，微调后点击"下一步"进入"延伸"对话框如图 6-46 所示。

　　该阶段可进行轮廓线的添加、删除、松弛。按住"Ctrl"键选择线，可删除轮廓线；添加线则左键进行轮廓线勾画（绘制、抽取）；松弛则点击"松弛"图标后选择两节点间的轮廓线进行松弛，效果如图 6-47 所示。

图 6-46 "延伸"对话框

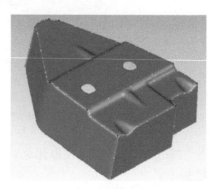

图 6-47 锐化效果（1）

"延伸"对话框命令功能说明如表 6-12 所示。

表 6-12 "延伸"对话框命令功能说明

操作命令	功　能
延伸	点击"延伸"则轮廓线向两边延伸出两条黑色线
因子	"因子"越大则伸出的两条黑色线越宽
重置	取消轮廓线延伸

点击"延伸"按钮轮廓线将向两边延伸出两条黑色的线，延伸后点击"下一步"，进入"锐化向导"轮廓线编辑对话框如图 6-48 所示。

两条黑色的延伸线就是锐化的时候曲率变化最为明显的位置，比例因子默认 1.0。锐化向导效果如图 6-49 所示。

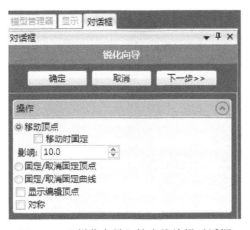

图 6-48　"锐化向导"轮廓线编辑对话框

图 6-49　锐化效果（2）

"锐化向导"轮廓线编辑对话框命令功能说明如表 6-13 所示。

表 6-13 "锐化向导"轮廓线对话框命令功能说明

操作命令	功　能
操作	对轮廓线及延伸线进行编辑
移动顶点	移动顶点可以移动选择顶点到任何指定位置，"移动时固定"表示选中一个点移动后将其两端固定，"影响"则设置移动点对周围点的影响系数
固定 / 取消固定顶点	表示可固定或取消指定顶点
固定 / 取消固定曲线	表示可固定或取消指定曲线
显示编辑顶点	勾选后将显示每条曲线上的节点

在"锐化向导"轮廓线编辑对话框中勾选"显示编辑顶点"，选择"固定 / 取消固定顶点"，手动点选图示两点，选择移动顶点项，手动调整红色点之间的点，最终效果如图 6-50 所示。

点击"下一步"进入"锐化向导"更新格栅对话框如图 6-51 所示。

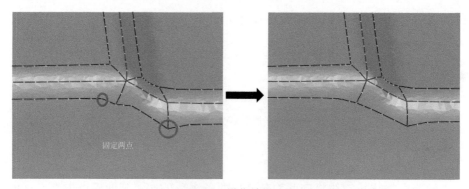

图 6-50 锐化效果（3）

图 6-51 "锐化向导"更新格栅对话框

在"更新格栅"对话框中点击"更新格栅"，再点击"锐化多边形"，模型将沿着格栅进行锐化，点击"确定"退出锐化向导。效果如图 6-52 所示。

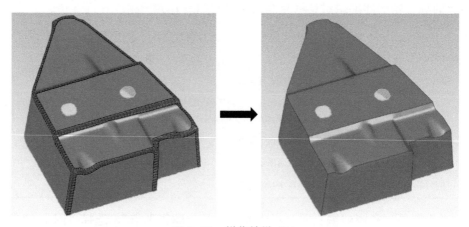

图 6-52 锐化效果（1）

"锐化向导"更新格栅对话框操作命令功能说明如表 6-14 所示。

表 6–14 "锐化向导"更新格栅对话框命令功能说明

操作命令	功　能
编辑	更新格栅将轮廓线和延伸线被细小的格栅划分
锐化多边形	将曲率变化较大区域变成直角

6.4.6　有界组件

需拟为平面的区域点选三角面，点击"选择工具栏"下"数据"命令组的"选择组件"图标，点击下拉菜单中的"有界组件"图标，系统将自动选中边界内的区域，效果如图6-53 所示。

6.4.7　拟合平面

点击"多边形工具栏"下"修补"命令组的"修复工具"图标，选择"拟合到平面"，定义中选择"最佳拟合"点击"确定"。拟合平面效果如图6-54 所示。同样的方法将有两个孔的三角面进行拟合。

图 6–53　有界组件效果

对齐平面设置：定义项用于设定平面的创建方式，包括最佳拟合、三点、直线、系统平面、全局基准平面、对象特征平面、全局特征平面等。位置度则用于对建立平面进行平移。

图 6–54　拟合平面效果

6.4.8　拟合孔

点击"多边形工具栏"下"边界"命令组的"修改"图标，选择"创建 / 拟合孔"。选择"拟合孔"，点击孔边界，在半径中输入一定值，例如"6.0"，再点击"执行"。同样方法对另外一个孔进行拟合，半径也设为6.0mm。"创建 / 拟合孔"对话框如图6-55 所示。拟合孔效果如图6-56 所示。

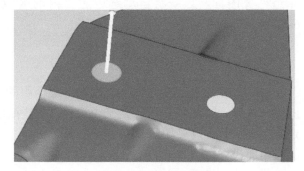

图 6-55 "创建/拟合孔"对话框   图 6-56 拟合孔效果

"创建/拟合孔"对话框命令功能说明如表 6-15 所示。

表 6-15 "创建/拟合孔"对话框命令功能说明

操作命令	功　　能
选择	用于工作模式选择
创建孔	在视窗范围内创建一个新的孔
拟合孔	锯齿形的边界拟合为圆形边界孔
半径	用于设定边界拟合为孔的半径
调整法线	将孔的法线调整到先前的位置
切线投影	锯齿边界投影到孔上的方式，查看箭头用于显示孔的法线轴及其大小设置
线特征	可将孔的法线创建为线特征
清除	用于已选中的边界
执行	将锯齿边界拟合为孔

6.4.9　伸出边界

点击"多边形工具栏"下"边界"命令组的"移动"图标，选择"伸出边界"。点选"孔边界"，值输入"5.0mm"，并勾选"封闭底部"。同样方法对另外一个孔进行伸出边界操作。"伸出边界"对话框如图 6-57 所示。伸出边界效果如图 6-58 所示。

图 6-57 "伸出边界"对话框　　　　　　图 6-58　伸出边界效果

"伸出边界"对话框命令功能说明如表 6-16 所示。

表 6-16　"伸出边界"对话框命令功能说明

操作命令	功　　能
设置	用于工作参数设置
深度	用于控制孔沿法线方向伸出的长度
封闭底部	控制延伸端部是否闭合
连接	设置两个边界是否连接起来
下一个	用于设置伸出至下一个的三角面（法线方向上）
贯通	使孔沿法线方向穿透所有三角面
相交	使之相交
清除	删除视窗中已选中的边
重置	清除已延伸的边界

6.4.10　创建特征并对齐三角面

点击"特征工具栏"下"创建"命令组的"平面"图标，选择"最佳拟合"，弹出"创建平面"对话框。使用"画笔工具"在三角面上勾选"平面区域"，点击"应用"，然后点击"确定"，效果如图 6-59 所示。

点击"对齐工具栏"下"对象对齐"命令组的"对齐到全局"图标，弹出"对齐到全局"对话框。选择 XY 平面和平面 1 后，点击"创建对"后点击"确定"。已将模型对齐到 XY 平面，可点击"前视图 / 后视图"进行观看，对齐效果如图 6-60 所示。

6.4.11　平面截面

点击"多边形工具栏"下"修补"命令组的"裁剪"下拉菜单，点击"用平面裁剪"图标，弹出"用平面裁剪"平面截面对话框如图 6-61 所示。

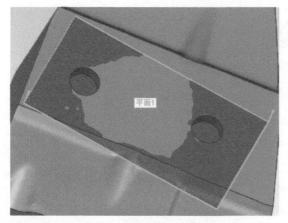
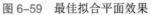
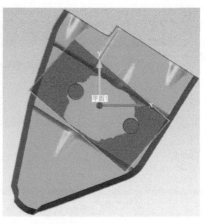

图 6-59　最佳拟合平面效果　　　　　　　　　　图 6-60　对齐效果

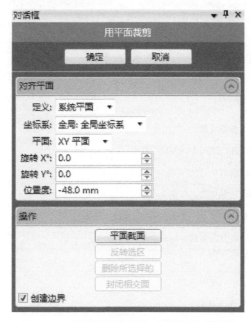

图 6-61　"用平面裁剪"平面截面对话框

　　定义选择"系统平面"，平面选择"XY平面"，位置度调至"–48mm"，点击"平面截面"，点击"删除所选择的"，再点"封闭相交面"，最后点击"确定"退出命令。效果如图6-62所示。

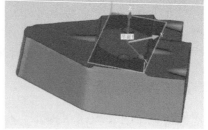

图 6-62　"用平面裁剪"平面截面效果

"用平面裁剪"平面截面对话框命令功能说明如表6-17所示。

表6-17　"用平面裁剪"平面截面对话框命令功能说明

操作命令	功　能
对齐平面	用于设置截取模型的平面。包括最佳拟合、三点、直线、系统平面、全局基准平面、对象特征平面、全局特征平面等
位置度	对建立平面进行平移
操作	用于工作模式选择
平面截面	用于对模型进行分割
反转选区	用于反转选区
删除所选择的	用于执行删除命令（删除红色区域）
封闭相交面	对删除留下的区域进行缝合封闭
创建边界	用于截取边后创建新的边界

封闭多边形必须边界完全裁剪，也就是边界全部变成红色，不能留有绿色边界。

6.4.12　保存文件

处理完的整个模型如图6-63所示。在左边"模型管理器"面板中右键点击合并点1，选择"保存"弹出保存对话框，输入文件名，保存类型选择 STL(binary) 文件后，点击"保存"按钮。

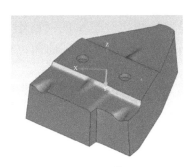

图6-63　模型

第7章

Geomagic Wrap 精确曲面阶段处理

7.1 Geomagic Wrap 精确曲面阶段处理概述 ▶▶▶

　　曲面阶段的主要任务是轮廓线的编辑和曲面片的基本编辑，前者主要包括轮廓线的探测、曲率的探测、轮廓线的抽取、轮廓线的编辑和延伸以及如何松弛轮廓线，后者包括曲面片的编辑、面板移动、曲面片松弛以及曲面片修理。

　　精确曲面是一组四边曲面片的集合体。首先根据模型表面的曲率变化生成轮廓线，并对轮廓线进行编辑，通过划分轮廓线将模型整个表面划分为多个独立的曲面区域，而后对各个区域铺设曲面片，使模型成为一个由较小的四边形曲面片组成的集合体；然后将每个四边形曲面片经格栅处理为指定分辨率的网格结构；最后将每个曲面片拟合成 NURBS 曲面，并进行曲面合并，得到最终的精确曲面。相邻曲面片之间是满足全局 G1 连续的。

　　在创建合理的 NURBS 曲面对象时，最重要的是构建一个好的曲面片结构，理想的曲面片结构是：

　　① 规则的，每个曲面片可近似为矩形；

　　② 合适的形状，在一个曲面片内部没有特别明显的或多出的曲率变化部分；

　　③ 高效率的，模型包含了与前两个要求一致的最少量的曲面片。

　　精确曲面阶段处理的目的在于通过相切、连续的曲面片有效地表达模型形状，进而获得规则的、合适形状的曲面。

　　精确曲面阶段包含自动曲面化和手动曲面化两种操作方式，其中手动曲面化操作流程如图 7-1 所示。

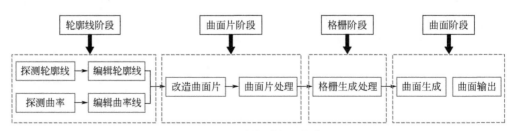

图 7-1　手动曲面化操作流程

手动曲面化操作过程中同时提供了手动和半自动编辑工具来修改曲面片的结构和边界位置。为了改善曲面片的布局结构，用曲面片移动来创建更加规则的曲面片布局，可通过移动曲面片顶点修改曲面片边界线位置，也可使用移动曲面片操作来局部地修改曲面片结构，以保证有效的曲面片布局。

轮廓线是由多边形对象上的曲率变化较大区域决定的，然后将对象分成曲率变化较低的区域，各区域能够用一组光滑四边曲面片呈现出来。生成轮廓线后会出现橘黄色轮廓线和黑色轮廓线，进行轮廓线编辑时，务必使各橘黄色轮廓线相互连接，并尽可能使橘黄色轮廓线所围成区域为矩形。

轮廓线是构建 NURBS 曲面的框架，生成准确、合理的轮廓线是创建精确 NURBS 曲面的基础。通过轮廓线将区域划分完成后，即可将区域分解为一组四边曲面片，每个曲面片由四条曲面片边界线围成。将区域分解为四边曲面片是创建 NURBS 曲面过程的关键一步。

模型的所有特征均可由四边曲面片表示出来，如果一个重要的特征没有被曲面片很好地定义，可通过增加曲面片数量的方法进行解决。为了拟合 NURBS 曲面，要求一个有序的点集来呈现模型对象，因此需要将各曲面片进行格栅处理。

创建格栅是将指定的分辨率网格结构放置在每个被定义的曲面片里。创建格栅时所形成的交点准确地位于多边形对象曲面上，并被用作计算 NURBS 曲面的样条线。格栅越密，从多边形曲面捕获和呈现在最终 NURBS 曲面上的细节就越多。

经精确曲面阶段处理所得 NURBS 曲面能以 "*.igs" "*.iges" 等通用格式文件输出，并输入到 CAD/CAM 系统中做进一步设计，或者输出到可视化系统中进行显示。

经过形状阶段的精确曲面阶段处理得到质量较好且面较少的 NURBS 曲面。

7.2 Geomagic Wrap 精确曲面阶段处理的主要命令

精确曲面阶段处理命令包含 "开始" "自动曲面化" "轮廓线" "曲面片" "格栅" "曲面" "分析" 和 "转换" 八个命令组，如图 7-2 所示。

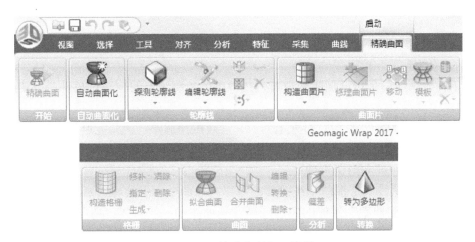

图 7-2　"精确曲面" 工具栏

图 7-3 "开始"命令组界面

7.2.1 "开始"命令组主要命令

"开始"命令组包含"精确曲面"命令,"精确曲面"将多边形对象转化到精确曲面阶段并激活其余操作模块,操作界面如图 7-3 所示。

7.2.2 "自动曲面化"命令组主要命令

图 7-4 "自动曲面化"命令组界面

"自动曲面化"是指使用最少的用户交互,自动生成 NURBS 曲面,操作界面如图 7-4 所示。

7.2.3 "轮廓线"命令组主要命令

"轮廓线"命令组操作界面如图 7-5 所示。

图 7-5 "轮廓线"命令组界面

(1)"探测轮廓线"可进行探测操作。通过"探测轮廓线"和"探测曲率"命令完成探测。

"探测轮廓线"是指在多边形模型边界放置红色分隔符,允许调整这些区域分隔符,并在这些区域分隔符内放置黄色(可延长)或橘黄色(不可延长)的轮廓线。使用该命令将生成橘黄色轮廓线,橘黄色轮廓线能被后面的"细分 / 延伸轮廓线"命令用到,延伸后的轮廓线将由橘黄色变为黄色。

"探测曲率"是指探测曲率变化较高的区域并放置轮廓线。该命令将会引导软件自动依据模型曲面的曲率生成轮廓线。在使用该命令生成轮廓线过程中,会出现黑色(曲面片分界线)、橘黄色(面板分界线)两种不同颜色的轮廓线,橘黄色轮廓线是最高级的轮廓线(亦可称为最高级曲率线),可通过"升级约束"命令中的"降级所有轮廓线"操作降级为黑色轮廓线。反之,黑色轮廓线也可以升级为最高级轮廓线。

(2)"编辑轮廓线"是指对轮廓线的编辑操作。可通过"编辑轮廓线""编辑延伸""拟合轮廓线""重采样轮廓线"和"取消固定所有顶点"这些命令完成轮廓线编辑操作。

"编辑轮廓线"是指对分隔符自动生成的轮廓线进行进一步修改。该命令的操作目标是得到能够准确、完整地表达模型轮廓的线框。

"编辑延伸"是指对轮廓线周围存在的扩展进行修改。该命令可以修改轮廓线周围存在的扩展。

"拟合轮廓线"是指通过减少控制点的数目并调节张力,以便于修改黄色或橘黄色轮廓线的曲率,来达到拟合轮廓线的目的。

"重采样轮廓线"是指增加或减少黄色或橘黄色轮廓线上的控制点数目,以实现重采样轮廓线操作。

"取消固定所有顶点"是指对对象上的所有顶点进行解除,使其能遵从其他命令的控制。

(3)"细分或延伸"是指将橘黄色轮廓线按照定值长度或曲面片数量进行细分,或将橘黄色轮廓线按一定距离向两侧延伸。

(4)"移动曲率线"是指曲率线的移动操作。该命令用于处理轮廓线与曲面片边界线,可重新排列由"检测曲率"生成的黑色或橘黄色曲率线,或将黑色曲面片分界线转化为橘黄色面板分界线。

(5)"升级约束"是指修改轮廓线的命令。该命令将黑色轮廓线升级成橘黄色轮廓线或将橘黄色轮廓线降级成黑色轮廓线。

（6）"松弛轮廓线"用于使轮廓线更加光顺。

（7）"删除"是指移除橘黄色或黄色轮廓线以及轮廓线周围的扩展或曲率线。

7.2.4 "曲面片"命令组主要命令

"曲面片"命令组操作界面如图 7-6 所示。

（1）"构造曲面片"是指能实现曲面片构造的命令。
可通过"构造曲面片"和"绘制曲面片布局图"两种命
令实现曲面片的构造。

图 7-6 "曲面片"命令组界面

"构造曲面片"是指通过轮廓线自动生成曲面片结构。
可通过自动估计和指定曲面片计数两种操作方法生成曲面片。通过"选项"，选中"检查路
径相交"，对生成的曲面片检查路径是否相交。

"绘制曲面片布局图"用于手动创建曲面片布局且可对曲面片布局进行绘制、抽取、松
弛、分裂/合并、细分、收缩、格栅/条带和降级/升级等修改操作。

（2）"修理曲面片"是用于分析、检查曲面片布局的命令。该命令可以对问题区域逐个
排查并进行修理。有"编辑曲面片"和"修理曲面片"两种修理方法。

（3）"移动"是在面板内重新排列曲面片的命令。可通过"移动面板"和"移动曲面片"
两种操作实现面板内曲面片的重新排列。

"移动面板"用于整理面板内的曲面片，使之规则地排列，并可以使用曲面片填充空白
面板。

"移动曲面片"用于重新排列曲面片。该命令能实现重新排列特殊点或直线周围的曲
面片。

（4）"模板"是在类似对象上重复使用曲面片布局的命令。可通过"创建模板""投影模
板"和"镜像模板"命令，在类似对象上重复使用曲面片布局。

"创建模板"用于将现有对象的曲面片布局作为元素保存在模型管理器内，以留待稍后
使用。

"投影模板"是指将在模型管理器内找到的模板对象应用于当前操作的对象。

"镜像模板"是指将在模型管理器内找到的曲面片模板镜像到对称面的另一侧。

（5）"松弛"是指沿轮廓线长度放松张力以使轮廓线更平滑。可通过"松弛曲面片（直
线式）""松弛曲面片（曲线式）"和"松弛相交曲面片"命令进行轮廓线松弛。

"松弛曲面片（直线式）"是指调直曲面片两顶点之间边线（不必移动顶点），忽略相邻
边线的位置。

"松弛曲面片（曲线式）"是指调直曲面片两顶点之间边线，同时利用相邻边线保持平滑度。

"松弛相交曲面片"是指移除导致曲面片重叠的边线。

（6）"压缩曲面片层"是指将整行曲面片移除或细分，周围行自动合并以覆盖空隙。

（7）"删除"用于曲面片及其信息移除，可通过删除曲面片、删除退化角点和删除延伸
操作来实现。

"删除曲面片"是指移除所有曲面片（轮廓线除外）。

"删除退化角点"是指删除形成角度的一对曲面片边界线。

"删除延伸"是指删除延伸线（由轮廓线延伸的延伸线）。

7.2.5 "格栅"命令组主要命令

"格栅"命令组操作界面如图 7-7 所示。

（1）"构造格栅"是指在多边形模型的每个曲面片创建一个有序的 U-V 网格。

（2）"修补"用于检测网格，并对发现的问题进行修补。通过使用"检查几何图形""松弛格栅"和"编辑格栅"命令检测网格，并对发现的问题进行修补。

图 7-7 "格栅"
命令组界面

"检查几何图形"用于在选择曲面片（如未选择则在所有曲面片）上测试生成不完整的网格。

"松弛格栅"用于松弛网格结构，使曲面更加平滑。

"编辑格栅"用于对格栅网格线进行编辑修改。

（3）"指定"用于控制网格线属性，可通过使用"尖锐轮廓线"和"平面区域"命令来实现。

"尖锐轮廓线"是指使相邻曲面片边界线交集处更加尖锐的命令。

"平面区域"将平坦的 NURBS 曲面应用于所选曲面片。所选曲面片必须在命令执行前近似平坦。

（4）"生成"用于修改网格结构，可通过使用"自栅格开始的多边形"和"纹理 - 映射模型"命令来实现。

"自格栅开始的多边形"用于将网格结构转为新的有序多边形对象。

"纹理 - 映射模型"用于重新划分网格三角形并创建一个"纹理贴图""凹凸贴图"或"置换贴图"，并保存为"*.obj"或"*.3ds"文件（用于导入到 Autodesk、3ds Max 等软件中进行三维动画渲染和制作等）。

（5）"清除"用于清除操作，可通过使用"尖锐轮廓线""锐化点"和"平面区域"命令来实现。

"尖锐轮廓线"用于删除所有由"尖锐轮廓线"命令创建的尖锐轮廓。

"锐化点"用于删除所有由"尖锐轮廓线"命令创建的锐化点。

"平面区域"用于删除所有由"平面区域"命令创建的平滑区域。

（6）"删除"用于移除格栅，可通过使用"格栅"和"空间格栅"命令实现。

"格栅"用于删除格栅（格栅结构为"规则格栅"和"空间格栅"），并保留底层面片。

"空间格栅"用于删除任何可能由松弛格栅生成的空间格栅。

7.2.6 "曲面"命令组主要命令

"曲面"命令组操作界面如图 7-8 所示。

（1）"拟合曲面"用于在格栅网格的基础上生成 NURBS 曲面。

（2）"合并曲面"是一组用于曲面片合并的命令，可以在曲面片对象上通过"自动的""选的"和"恢复"命令进行曲面片的合并操作。

"自动的"用于将已拟合的曲面在保证其整体形状不变的情况下，尽可能少地进行合并。

图 7-8 "曲面"
命令组界面

"选的"用于将选择的两个或多个曲面片进行合并。

"恢复"用于恢复 NURBS 曲面到原始状态。

（3）"编辑"用于 NURBS 曲面的编辑修改，通过使用"控制点""角点和边界""NURBS 曲面片层""表面张力""重新拟合曲面片""松弛曲面"和"检查切线连续性"命令来修改 NURBS 曲面。

"控制点"通过更改单独 NURBS 控制点的位置来修改 NURBS 曲面。

"角点和边界"是指通过单击及拖动，改变 NURBS 控制点的位置以形成样条边界和角点。

" NURBS 曲面片层"是指通过调整 NURBS 控制点的数目和控制点上的张力程度以修改 NURBS 曲面的光滑度。

"表面张力"用于对曲面表面张力设定值进行修改。

"重新拟合曲面片"用于在已选曲面片内重新生成 NURBS 曲面。

"松弛曲面"用于放松 NURBS 控制点，使其独立于底层多边形，让 NURBS 曲面变得更加平滑。

"检查切线连续性"用于测试相邻 NURBS 曲面片之间的连续性，并绘制切线以突出显示曲面片在既定角度范围内不会彼此相交的位置。

（4）"转换"用于将 NURBS 曲面片转化为其他对象，通过使用"到 CAD 对象"和"曲面片边界到曲线"命令来实现。

"到 CAD 对象"用于将 NURBS 曲面对象转成 CAD 对象。

"曲面片边界到曲线"用于将 NURBS 曲面的样条边界转成曲线对象。

（5）"删除"是移除 NURBS 曲面的一组命令，通过使用"选定的曲面片""整个曲面"命令来实现。

"选定的曲面片"用于从选定的曲面片移除 NURBS 曲面。

"整个曲面"用于从对象上移除整个 NURBS 曲面。

7.2.7 "分析"命令组主要命令

"分析"命令组中只包含"偏差"命令，"偏差"是指使用命令对对象进行分析。该命令生成一个以不同颜色区分被选对象和从对话框的下拉菜单里选择的对象间不同偏差的 3D 颜色分布图，操作界面如图 7-9 所示。

图 7-9 "分析"命令组界面

7.2.8 "转换"命令组主要命令

"转换"命令组中只包含"转为多边形"命令，"转为多边形"是指用户可以通过此命令将精确曲面阶段的模型转化为多边形模型，操作界面如图 7-10 所示。

图 7-10 "转换"命令组界面

7.3 基于探测曲率构造曲面

形状阶段是从多边形阶段转化后经过一系列的技术处理，得到理想曲面模型的。基于探测曲率的构造曲面操作，就是通过熟悉形状阶段的常用命令，学习如何在一个多边形对象上拟合 NURBS 曲面，并使用一些基本命令改变曲面片的布局。常用命令各按钮功能如表 7-1 所示。

表 7-1　常用命令各按钮功能

命令按钮	功　　能
探测曲率	在高曲率区生成轮廓线
精确曲面	将多边形阶段转换为形状阶段
升级约束	修改曲面片线、轮廓线
构造曲面片	轮廓线与边界线生成一个曲面片边界结构
移动面板	重新排列曲面片
松弛轮廓线或曲面片	沿轮廓线长度放松张力，使其光顺
修理曲面片	对有问题的曲面片进行检查和修复
构造格栅	在多边形模型的每个曲面片上创建一个有序的 U-V 网格
拟合曲面	在对象上自动生成一个 NURBS 曲面

7.3.1　打开素材 wrp 文件

启动 Geomagic Wrap 软件后，点击快速启动栏"打开"按钮图标或按"Ctrl+O"键或拖动数据到视窗里（也可拖到模型管理面板），打开 wrp 文件。该模型为某款汽车车灯点云，包含了 2 万多个三角形，打开效果如图 7-11 所示。

7.3.2　精确曲面

点击"精确曲面"工具栏下"开始"命令组的"精确曲面"图标，弹出"输入精确曲面相位"对话框选中"新建曲面片布局图"，如图 7-12 所示，点击"确定"进入形状编辑状态。

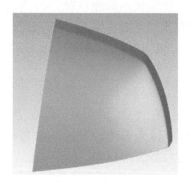

图 7-11　模型效果　　　　　图 7-12　"输入精确曲面相位"对话框

7.3.3　探测曲率

点击"精确曲面"工具栏下"轮廓线"命令组的"探测轮廓线"图标下拉菜单中的"探测曲率"图标，弹出"探测曲率"对话框，如图 7-13 所示。

选中"自动评估"复选框，曲率级别设为"0.3"，并选中"简化轮廓线"复选框，点击"应用"后再点击"确定"，效果如图 7-14 所示。

"探测曲率"对话框命令功能说明如表 7-2 所示。

图 7-13　"探测曲率"对话框　　　　　　图 7-14　探测曲率效果

表 7-2　"探测曲率"对话框命令功能说明

操作命令	功　　能
粒度	指用黑色线框将模型划分为网格的数目
自动评估	根据模型的具体情况自动计算网格数量
目标	人为地指定网格数量，便于用户定量分析
设置	设置探测曲率的参数
曲率级别	越小则对曲率变化越明显的区域探测出橘黄色的轮廓线越多
简化轮廓线	优化轮廓线

如果该工件并没探测出橘黄色的轮廓线，在后续操作中可以进行弥补。如果试着将曲率级别改为"0.01"，发现高曲率处产生了一条橘黄色线，如图 7-15 所示，最佳的轮廓线提取方式是采用探测轮廓线，而不是探测曲率。

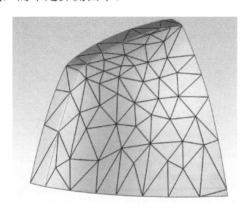

图 7-15　探测曲率曲率级别 0.01 效果

7.3.4　升级约束轮廓线

点击"精确曲面"工具栏下"轮廓线"命令组的"升级约束"图标，弹出"升级/约束"对话框如图 7-16 所示。

点击高曲率处的黑线进行升级（变为轮廓线）。若点错，可按"Ctrl+鼠标左键"进行降级（取消选中），最后效果如图 7-17 所示。

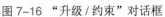

图 7-16 "升级/约束"对话框

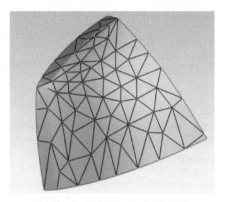

图 7-17 升级/约束轮廓线

"升级/约束"对话框操作命令功能说明如表 7-3 所示。

表 7-3 "升级/约束"对话框操作命令功能说明

操作命令	功 能
局部	可对线/点进行局部升降级,升降级可按 "Ctrl" 键进行切换
全局	可对线/点进行整体升降级,升降级可按 "Ctrl" 键进行切换

7.3.5 构造曲面片

点击"精确曲面"工具栏下"曲面片"命令组的"构造曲面片"图标下拉菜单中的"构造曲面片"图标,弹出"构造曲面片"对话框如图 7-18 所示。

选中"自动估计",点击"应用"后再点击"确定",最后效果如图 7-19 所示。

图 7-18 "构造曲面片"对话框

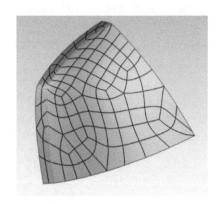

图 7-19 构造曲面片

"构造曲面片"对话框命令功能说明如表 7-4 所示。

表 7-4 "构造曲面片"对话框命令功能说明

操作命令	功 能
曲面片计数	用于指定曲面片的数量
自动估计	根据模型实际情况进行划分
指定曲面片计数	通过人为指定曲面片数进行划分
选项	选中"检查路径相交",用于检查线是否交叉

7.3.6 修理曲面片

点击"精确曲面"工具栏下"曲面片"命令组的"修理曲面片"图标,弹出"修理曲面片"对话框如图 7-20 所示。

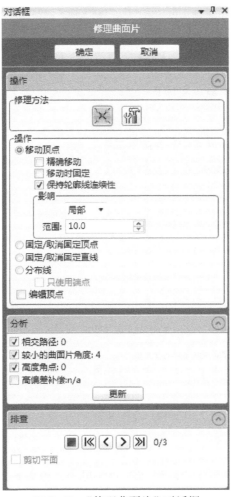

图 7-20 "修理曲面片"对话框

点击轮廓线(橘红色)上的绿色顶点,并按住鼠标左键拖动顶点到正确位置,如图 7-21 所示,将顶点拖到倒圆的中间,点击"确定"退出命令。

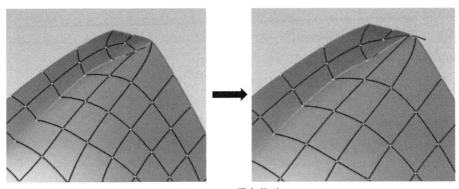

图 7-21 顶点移动

"修理曲面片"对话框命令功能说明如表 7-5 所示。

表 7-5 "修理曲面片"对话框命令功能说明

操作命令	功 能
修理方法	修理曲面片的方法有两种，"编辑曲面片"和"直接修理曲面片"
操作	设定操作模式
移动顶点	拖动顶点到任何位置，包含"精确移动""移动时固定""保持轮廓线连续性"
精确移动	对顶点进行准确移动
移动时固定	选中一个点移动后将其两端固定
保持轮廓线连续性	移动顶点后将保持曲线连续性
影响	设置移动点对周围点的影响系数
固定／取消固定顶点	可固定或取消指定顶点
固定／取消固定直线	可固定或取消指定直线
编辑顶点	勾选后将显示每条曲线上的节点
分析	显示有问题的曲面片数量及类型
相交路径	有交叉的曲面片
较小的曲面片角度	比 90° 要大或小的不佳曲面片角度
高度角点	有问题曲面片的交叉点
排查	显示每个有问题的曲面片

7.3.7 松弛轮廓线

点击"精确曲面"工具栏下"轮廓线"命令组的"松弛轮廓线"下拉菜单，点击"松弛所有轮廓线"图标，系统将自动松弛全部轮廓线。

7.3.8 移动面板

点击"精确曲面"工具栏下"曲面片"命令组的"移动"下拉菜单，点击"移动面板"图标，弹出"移动面板"对话框如图 7-22 所示。

"移动面板"对话框命令功能说明如表 7-6 所示。

首先选中一块曲面片，再依次点击曲面片的四个端点。上边的顶点数为 6，下边的顶点数为 10，左右都为 2，需要将对面的变为一样，如图 7-23 所示。

选中"添加／删除 2 条路径"，右边类型选择"条"，按住"Ctrl"键点击 10 个顶点的轮廓线，将其顶点数降到 6，点击"执行"，系统将对面板进行重新排布，效果如图 7-24 所示。当一边的数字为奇数时，点击端点进行奇数升降（比如一边是 1，对边是 2）。

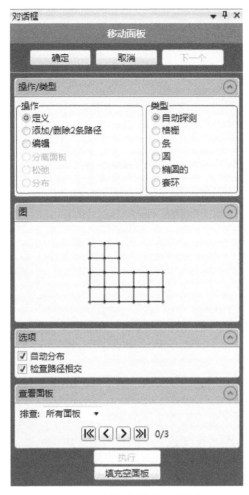

图 7-22 "移动面板"对话框

表 7-6 "移动面板"对话框命令功能说明

操作命令	功　能
操作 / 类型	设定操作与类型
操作	包含"定义""添加 / 删除 2 条路径""编辑"
定义	通过定义四边形的 4 个顶点来定义一个四边形曲面片
添加 / 删除 2 条路径	通过增加或删除曲面片路径，来确保相对的边所包含的路径相同，保证曲面片能均匀地进行划分
编辑	可以编辑顶点的位置以及升级或约束轮廓线
类型	包含"自动探测""格栅""条""圆""椭圆的""套环"
自动探测	自动探测所要操作的曲面片类型
格栅	探测由格栅组成的曲面片
条	探测由条形线组成的曲面片
圆	探测由圆组成的曲面片

操作命令	功　　能
椭圆的	探测由椭圆组成的曲面片
套环	探测由套环组成的曲面片
选项	包含"自动分布""检查路径相交"
自动分布	根据定义自动分布曲面片
检查路径相交	探测曲面片之间是否存在相交的黑色网格线
执行	系统将根据设定的编辑条件，对曲面片进行重新均匀分布
填充空面板	当删除内部后（删除黑色网格），需填充空面板时执行

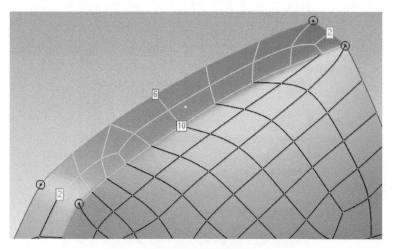

图 7-23　移动面板

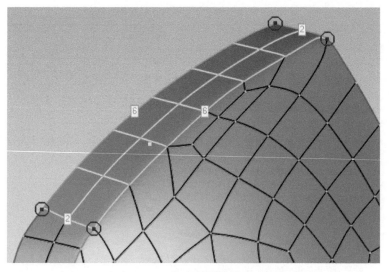

图 7-24　移动面板效果（1）

用同样的方法对另外两个曲面片进行处理。点击"下一个",选中另外一块曲面片,依次选中四个端点,右边类型选择"条",如若发现该区域对面的数字一样,则直接点击"执行"重新排列曲面片,效果如图7-25所示。如若不同参照上一步执行操作。

点击"下一个",选中最后一块曲面片,依次选中四个端点,已修改的轮廓线都为6,未修改的轮廓线都为8,同样选中"添加/删除2条路径",按住"Ctrl"键点击数字为8的两条边,将其数字降为6。在类型中选择"格栅",点击"执行"重新排列曲面片,最后点击"确定"退出该命令,最终效果如图7-26所示。

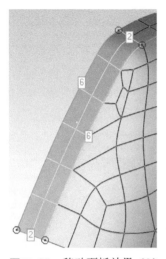 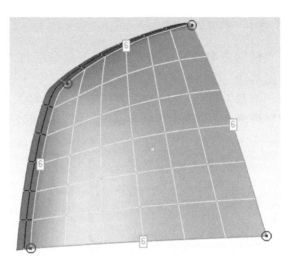

图7-25 移动面板效果(2)　　　　　图7-26 移动面板效果(3)

7.3.9　松弛曲面片

点击"精确曲面"工具栏下"曲面片"命令组的"松弛"下拉菜单,点击"松弛曲面片(直线式)"图标,系统将自动松弛高曲率和褶皱较多曲面片。

7.3.10　构造格栅

点击"精确曲面"工具栏下"格栅"命令组的"构造格栅"图标,弹出"构造格栅"对话框如图7-27所示。

点击"应用"后再点击"确定"命令退出,构造格栅效果如图7-28所示。

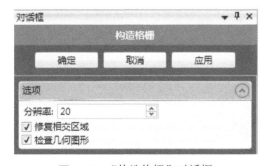 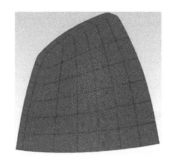

图7-27 "构造格栅"对话框　　　　图7-28 构造格栅效果

"构造格栅"对话框命令功能说明如表 7-7 所示。

表 7-7 "构造格栅"对话框操作命令功能说明

操作命令	功　　能
选项	选项包含"分辨率""修复相交区域""检查几何图形"
分辨率	分辨率 20 表示将每个曲面片划分为 20×20 个小网格
修复相交区域	用于检查相交的格栅并进行修复
检查几何图形	若存在不完善的曲面片,勾中该选项后将继续构造格栅命令

7.3.11 拟合曲面

点击"精确曲面"工具栏下"格栅"命令组的"拟合曲面"图标,弹出"拟合曲面"对话框如图 7-29 所示。

选择"常数"拟合方法,"最大控制点数"输入"12","表面张力"输入"0.25",点击"应用"后再点击"确定"命令退出,拟合曲面效果如图 7-30 所示。

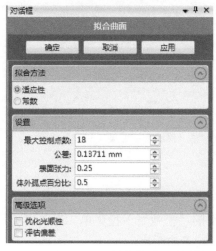

图 7-29 "拟合曲面"对话框　　　　图 7-30 拟合曲面效果

"拟合曲面"对话框命令功能说明如表 7-8 所示。

表 7-8 "拟合曲面"对话框命令功能说明

操作命令	功　　能
拟合方法	选择拟合方法,包括"适应性"和"常数"两种拟合方法
适应性	根据限制将自适应进行优化设置每个曲面片所使用的控制点数量
常数	通过输入控制点数和表面张力进行曲面拟合
设置	参数设置
最大控制点数	每个曲面片控制点的最大数量
公差	NURBS 曲面与原始曲面片的最大距离
表面张力	用于调整精度与平滑之间的平衡
体外孤点百分比	可超出公差的点的百分比
高级选项	选择"优化光顺性"和"评估偏差"
优化光顺性	在公差范围内尽可能使 NURBS 曲面光滑
评估偏差	拟合后将显示其偏差

7.3.12 保存曲面

在左边管理器面板中，右键点击"车灯"模型，选择"保存"。保存时选择相应目录并输入名字，类型选择 STEP-ap203/IGES。

使用探测曲率时应注意，在"精确曲面"工具栏的"自动曲面化"命令组有"自动曲面化"命令，该命令自动将三角面转换为 NURBS 曲面，但效果不佳（格栅不均匀），在进入精确曲面前必须对三角形进行修复（网格医生）。

7.4 基于探测轮廓线构造曲面

如前所述，形状阶段是从多边形阶段转化后经过一系列的技术处理，得到理想曲面模型的。扫描点云（STL）的表面质量较差且面过多，经过形状阶段处理得到质量较好且面较少的 NURBS 曲面。基于探测曲率构造曲面试着将曲率级别改为 0.01，发现高曲率处产生了一条橘黄色线。最佳的轮廓线提取方式不是探测曲率，而是采用探测轮廓线。基于探测轮廓线构造曲面通过熟悉形状阶段的常用命令，学习如何使用探测轮廓线工作流程在多边形模型上创建一个 NURBS 曲面。常用命令各按钮功能如表 7-9 所示。

表 7-9　常用命令各按钮功能

命令按钮	功　　能
探测轮廓线	探测曲率变化较大区域，再进行轮廓线抽取
编辑轮廓线	修改轮廓线和扩展结构
细分 / 延伸轮廓线	对轮廓线进行编辑，包括细分和延伸
构造曲面片	轮廓线与边界线生成一个曲面片边界结构
移动面板	重新排列曲面片
压缩曲面片层	移除或细分整行曲面片
修理曲面片	对有问题的曲面片进行检查和修复
构造格栅	对曲面自动参数化，由稠密的四边形构成
拟合曲面	在对象上自动生成一个 NURBS 曲面

7.4.1 打开素材 wrp 文件

启动 Geomagic Wrap 软件后，点击快速启动栏"打开"按钮图标或按"Ctrl+O"键或拖动数据到视窗里（也可拖到模型管理面板），打开 wrp 文件。该模型为某款汽车引擎盖点云，包含了 3 万多个三角形，打开效果如图 7-31 所示。

7.4.2 精确曲面

点击"精确曲面"工具栏下"开始"命令组的"精确曲面"图标，弹出"输入精确曲面相位"对话框，如图 7-32 所示，点击"确定"进入形状编辑状态。

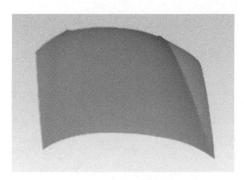

图 7-31　模型效果　　　　　　　图 7-32　"输入精确曲面相位"对话框

7.4.3　探测轮廓线

点击"精确曲面"工具栏下"轮廓线"命令组的"探测轮廓线"下拉菜单，点击"探测轮廓线"图标，弹出"探测轮廓线"对话框，如图 7-33 所示。

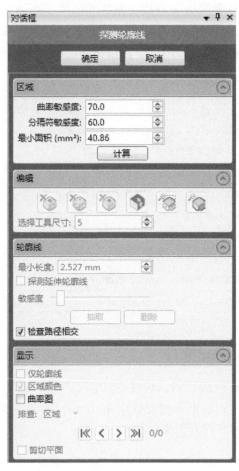

图 7-33　"探测轮廓线"对话框

点击"计算"，系统将自动计算高曲率带，若系统没探测出高曲率区域，如图 7-34 所示，则使用蜡笔工具手动选择高曲率区域（沟槽），选取完成后点击"抽取"，进行轮廓线提取。

图 7-34 探测轮廓线效果

"探测轮廓线"对话框命令功能说明如表 7-10 所示。

表 7-10 "探测轮廓线"对话框命令功能说明

操作命令	功　　能
区域	设置区域划分的参数
曲率敏感度	对模型表面曲率变化的敏感程度，越大表示对曲率变化小的区域也能探测出来
分隔符敏感度	用于设置红色分割区域的宽度，敏感度越大就越宽
最小面积	同一颜色显示区域的最小面积，小于该面积的区域将不进行轮廓线抽取
编辑	对已划分区域进行编辑
删除孤岛	表示取消选择离散的小区域
删除小区域	表示取消面积较小的选中区域
填充区域	表示手动分隔曲率平滑区域，选择系统未自动选中的高曲率区域
合并区域	表示合并分割出的几个区域
只查看所选	只显示所选择的区域
查看全部	只查看部分后，点击"查看全部"后显示全部区域
轮廓线	用于创建轮廓线
最小长度	设定可以抽取出轮廓线的最小长度
探测延伸轮廓线	指定是否产生橘黄色和黄色的等高线，一般无需选中
敏感度	设置探测延伸轮廓线的敏感程度
抽取	根据所选区域提取出轮廓线
删除	对已抽取的轮廓线进行删除
检查路径相交	选中此复选框可以自动检查相交的延伸线，并显示问题
显示	用于观察轮廓线的抽取效果
仅轮廓线	只显示轮廓线，隐藏点云区域
区域颜色	显示每个区域的颜色信息
曲率图	系统根据曲率变化，以色谱的形式显示模型
剪切平面	在进行排查区域时，保证所要观察的区域不会被其他部分遮掩

7.4.4 编辑轮廓线

点击"精确曲面"工具栏下"轮廓线"命令组的"编辑轮廓线"下拉菜单，点击"编辑轮廓线"图标，弹出"编辑轮廓线"对话框，如图7-35所示。

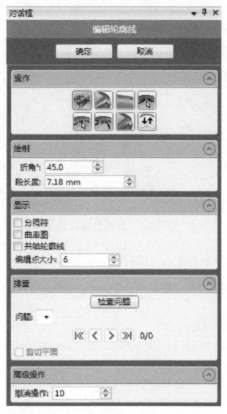

图7-35 "编辑轮廓线"对话框

点击"绘制"，选中顶点后（鼠标左键按住不放）拖动到正确的位置（沟槽的中间处）。效果如图7-36所示。

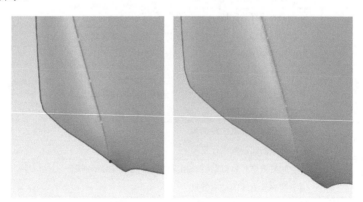

图7-36 编辑轮廓线

在拐角处创建边界点(深红色的点)，可用该命令在拐角处点一点，按"Esc"键，最后创建出左右边界的四个深红色点，如图7-37所示。创建边界点用于后续的曲面片修整。

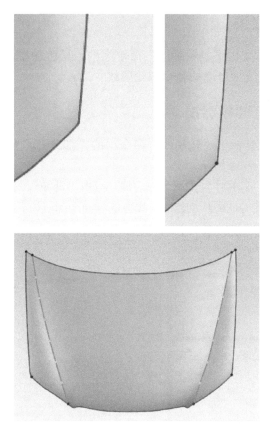

图 7-37　增加边界点

当模型的旋转中心点不在点云上时，可按"Ctrl+F"键，再点击模型中心。若移动顶点错误操作，可按"Ctrl+Z"键返回上一步。若提取后出现不想要的轮廓线，可选中"收缩"图标，再点击需删除的线。

"编辑轮廓线"对话框命令功能说明如表 7-11 所示。

表 7-11　"编辑轮廓线"对话框命令功能说明

操作命令	功　　能
操作	编辑轮廓线的节点
绘制	根据需要绘制
抽取	在模型的高曲率处抽取轮廓线
松弛	对所选轮廓线进行松弛操作
分裂 / 合并	对轮廓线的控制点进行打断或合并
细分	重新对轮廓线进行节点划分
收缩	通过删除局部轮廓线，将 2 个三叉顶点变为 1 个四叉顶点 (也用于删除局部轮廓线)
修改分隔符	手动编辑红色的高曲率带或自动优化现有的曲率带
指定不延伸的轮廓线	指定非延长性轮廓线：对轮廓线进行定性 (橘黄色为可延伸的轮廓线，而黄色为不可延伸的轮廓线)
显示	设置显示高曲率带或曲率色谱图
分隔符	设置是否显示高曲率带 (不管是系统自动判断的还是人为指定的)
曲率图	设置是否以色谱的形式显示曲率变化
共轴轮廓线	设置是否需要用一个红色的直线显示共轴轮廓线

7.4.5 松弛轮廓线

点击"精确曲面"工具栏下"轮廓线"命令组的"松弛轮廓线"下拉菜单，点击"松弛所有轮廓线"图标，系统将自动松弛全部轮廓线。

7.4.6 细分 / 延伸轮廓线

点击"精确曲面"工具栏下"轮廓线"命令组的"细分 / 延伸"图标，弹出"细分 / 延伸轮廓线"对话框，如图 7-38 所示。

选中"延伸"复选框，选择中间的两条轮廓线，点击"延伸"。系统将沿着轮廓线的两边延伸出黑色的网格线，在后续的曲面片创建中，黑色的延伸线起着边界的作用，如图 7-39 所示。

图 7-38 "细分 / 延伸轮廓线"对话框

图 7-39 延伸轮廓线

"细分 / 延伸轮廓线"对话框命令功能说明如表 7-12 所示。

表 7-12 "细分 / 延伸轮廓线"对话框命令功能说明

操作命令	功　　能
操作	对轮廓线进行细分或延伸
细分	对轮廓线进行再次细分（先选中轮廓线再输入划分参数）
按长度	根据所选轮廓线控制点的距离进行划分
按曲面片计数	根据整体曲面片的数量对轮廓线进行划分
延伸	沿着轮廓线向两边进行延伸（黑色网格线）
因子	控制延伸宽度
重置	取消延伸
选项	对轮廓线进行检查路径相交、连接多环区域
检查路径相交	选中该复选项可以检查延伸后的黑色线是否相交
连接多环区域	选中该复选项，将创建不可延伸的轮廓线将闭环区域连起来

7.4.7 构造曲面片

点击"精确曲面"工具栏下"曲面片"命令组的"构造曲面片"下拉菜单,点击"构造曲面片"图标,弹出"构造曲面片"对话框,选中"自动估计",点击"应用"后再点击"确定",最后效果如图 7-40 所示。

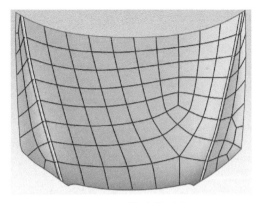

图 7-40 构造曲面片

7.4.8 移动面板

点击"精确曲面"工具栏下"曲面片"命令组的"移动"下拉菜单,点击"移动面板"图标,弹出"移动面板"对话框。首先选中一块曲面片,再依次点击曲面片的四个端点。顶点个数,上面为 1,下面为 3,左边为 6,右边为 8,需要将对面的变为一样,且倒圆处的边不能改变,如图 7-41 所示。

选中"添加 / 删除 2 条路径",右边类型选择"格栅",点击 6 个顶点的轮廓线,将其顶点数变为 8,点击 1 个顶点的轮廓线,将其顶点变为 3,点击"执行",系统将对曲面片进行重新排布,如图 7-42 所示。

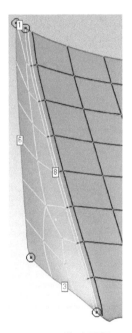

图 7-41 移动面板 1   图 7-42 移动面板 1 效果

点击"下一个",选中另外一端曲面片,依次选中四个端点,上边的顶点数为 1,下边的顶点数为 3,左边的顶点数为 6,右边的顶点数为 8,需要将对面的变为一样,且倒圆处的边不能改变,如图 7-43 所示。

选中"添加 / 删除 2 条路径",右边类型选择"格栅",点击 6 个顶点的轮廓线,将其顶点数变为 8,点击 1 个顶点的轮廓线,将其顶点数变为 3,点击"执行",系统将对曲面片进行重新排布,如图 7-44 所示。

图 7-43　移动面板 2	图 7-44　移动面板 2 效果

点击"下一个"，选中中间曲面片，依次选中四个端点，发现上边的顶点数为 10，下边的顶点数为 6，左边的顶点数为 8，右边的顶点数为 8，需要将对面的变为一样，且倒圆处的边不能改变，如图 7-45 所示。

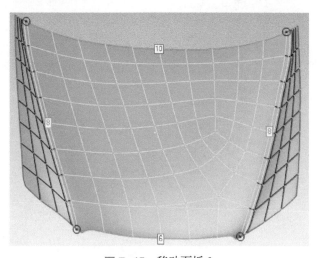

图 7-45　移动面板 3

选中"添加 / 删除 2 条路径"，右边类型选择"格栅"，点击 6 个顶点的轮廓线，将其顶点数变为 10，点击"执行"，系统将对曲面片进行重新排布，如图 7-46 所示。

7.4.9　松弛曲面片

点击"精确曲面"工具栏下"曲面片"命令组的"松弛"下拉菜单，点击"松弛曲面片（直线式）"图标，系统将自动松弛高曲率和褶皱较多曲面片。

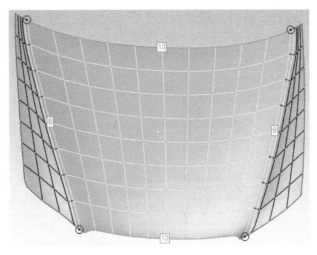

图 7-46 移动面板 3 效果

7.4.10 构造格栅

点击"精确曲面"工具栏下"格栅"命令组的"构造格栅"图标，弹出"构造格栅"
对话框，如图 7-47 所示。

点击"应用"后再点击"确定"退出，效果如图 7-48 所示。

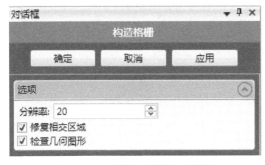

图 7-47 "构造格栅"对话框

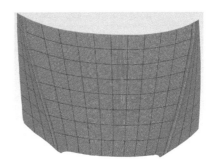

图 7-48 构造格栅效果

"构造格栅"对话框命令功能说明如表 7-13 所示。

表 7-13 "构造格栅"对话框命令功能说明

操作命令	功　　能
选项	选项包含分辨率、修复相交区域、检查几何图形
分辨率	分辨率 20 表示将每个曲面片划分为 20×20 个小网格
修复相交区域	用于检查相交的格栅并进行修复
检查几何图形	若存在不完善的曲面片，勾中该选项后将继续构造格栅命令

7.4.11 拟合曲面

点击"精确曲面"工具栏下"曲面"命令组的"拟合曲面"图标，弹出"拟合曲面"
对话框，如图 7-49 所示。

选择"常数"拟合方法,"最大控制点数"输入"12","表面张力"输入"0.25",点击"应用"后再点击"确定",效果如图7-50所示。

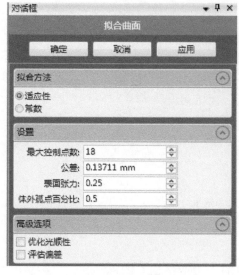

图7-49 "拟合曲面"对话框

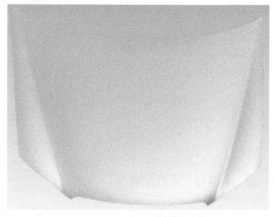

图7-50 拟合曲面效果

"拟合曲面"对话框命令功能说明如表7-14所示。

表7-14 "拟合曲面"对话框命令功能说明

操作命令	功 能
拟合方法	选择拟合方法,包含适应性和常数两种拟合方法
适应性	根据限制将自适应进行优化设置每个曲面片所使用的控制点数量
常数	通过输入控制点数和表面张力进行曲面拟合
设置	用于参数设置
最大控制点数	每个曲面片控制点的最大数量
公差	设置NURBS曲面与原始曲面片的最大距离
表面张力	调整精度与平滑之间的平衡
体外孤点百分比	可超出公差的点的百分比
高级选项	选择优化光顺性、评估偏差
优化光顺性	在公差范围内尽可能使NURBS曲面光滑
评估偏差	拟合后将显示其偏差

7.4.12 保存曲面

在左边管理器面板中,右键点击"引擎盖"模型,选择"保存"。保存时选择相应目录并输入名字,类型选择Step-AP203文件或IGES文件。

第**8**章

Geomagic Wrap 形状阶段的
高级阶段处理

8.1 Geomagic Wrap 形状阶段的高级阶段处理概述

在多边形阶段，有许多命令可以用来调整三角面。多边形阶段处理非常重要，因为处理后的模型必须具有最好的质量，才能进入 Shape 阶段，为生成 NURBS 曲面做准备。

形状阶段是从多边形阶段转化后经过一系列的技术处理，得到理想的曲面模型。其主要的处理技术包括：

① 轮廓线处理，主要命令有探测轮廓线、探测曲率、编辑轮廓线、提升 / 约束等；

② 曲面片处理，主要命令有构造曲面片、松弛曲面片、移动曲面片等；

③ 格栅处理，主要命令有构造格栅；

④ NURBS 曲面处理，主要命令有拟合曲面、合并曲面；最后得到的 NURBS 曲面能作为 IGES/STEP 文件输出，并可输入至任何 CAD/CAM 系统中使用。

为什么需要进入形状阶段的高级阶段处理？因为扫描点云（STL）的表面质量较差且面过多，表面质量较差决定了其无法应用于机械行业，三角面过多决定了其在动漫行业不实用（数据量大）。所以需要经过形状阶段处理得到质量较好且面较少的 NURBS 曲面。

8.2 Geomagic Wrap 形状阶段的高级阶段处理的主要命令

形状阶段的高级阶段处理主要在点云数据处理完成之后进行。点云数据处理中的点云编辑、点云注册、特征对齐以及本软件的曲线编辑功能，在此不再陈述。形状阶段的高级阶段处理的主要命令是"特征"工具栏、"多边形"工具栏和"精确曲面"工具栏中各命令的综合应用。"特征"工具栏的主要命令包括"快捷特征""创建""编辑""显示"

和"输出"五个命令组,"快捷特征"激活后可快速进行特性创建,如图 4-33 所示。"多边形工具栏"的主要命令包括"修补""平滑""填充孔""联合""偏移""边界""锐化""转换"和"输出"九个命令组,如图 6-2 所示。"精确曲面"工具栏的主要命令包括"开始""自动曲面化""轮廓线""曲面片""格栅""曲面""分析"和"转换"八个命令组,如图 7-2 所示。这些命令的具体应用方法和功能前面相应章节已做了具体介绍,在此不再赘述。另外,CAD 对象处理阶段的主要命令包含"修改""操作"和"转换"三个命令组,如图 8-1 所示。

图 8-1　CAD 对象处理命令框

8.3　形状阶段的高级阶段 ▶▶▶

基于形状阶段的高级阶段,通过熟悉形状阶段的常用命令,可以实现:学习如何指定尖边轮廓,以便在 CAD/CAM 系统里输出的曲面能够在尖轮廓上倒圆角;使用"特征"保存孔的位置,并用"特征"裁剪曲面;应用模板到一个模型上。常用命令各按钮功能如表 8-1 所示。

表 8-1　常用命令各按钮功能

命令按钮	功　能
尖锐轮廓线	对多边形的曲率较大处进行锐化
最佳拟合对齐	删除选择的三角形并填充产生的孔
曲面片模板	根据点云拟合为平面
裁剪	使用平面截取多边形,形成规则的平面边界

8.3.1　打开素材 wrp 文件

启动 Geomagic Wrap 软件后,点击快速启动栏"打开"按钮图标或按" Ctrl+O "键或拖动数据到视窗里(也可拖到模型管理面板),打开 wrp 文件。该模型包含了 19 万多个三角形,打开效果如图 8-2 所示。

8.3.2　创建特征

点击"特征"工具栏下"创建"命令组的"圆"下拉菜单,点击"实际边界",创建圆图标,根据实际边界创建圆,选中大圆的边界,点击"下一个",再选中小圆的边界,点击"确定"退出。软件将根据边界拟合两个圆特征,如图 8-3 所示。

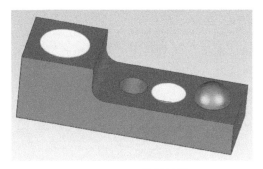

图 8-2　模型效果

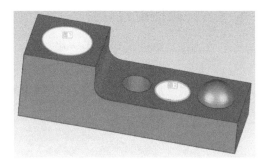

图 8-3　拟合曲面效果

8.3.3　填充单个孔

点击"多边形"工具栏下"填充孔"命令组的"填充单个孔"图标，选择填充方式的第一个图标"内部孔"以进行内部封闭孔填充，点击孔边界进行填充，软件将根据周边区域的曲率变化进行填充，按"Esc"键退出命令，孔填充效果如图8-4所示。

8.3.4　删除边界

点击"多边形工具栏"下"边界"命令组的"删除"下拉菜单，点击"删除所有边界"图标（边界框中），选择刚刚填充的两个孔边界，系统将删除边界，如图8-5所示。

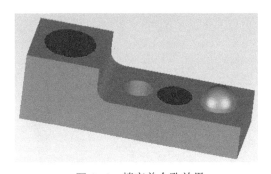

图 8-4　填充单个孔效果

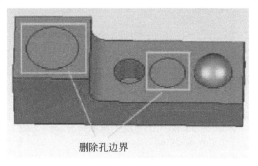

删除孔边界

图 8-5　删除边界效果

8.3.5　精确曲面

点击"精确曲面"工具栏下"开始"命令组的"精确曲面"图标，弹出"新建曲面片布局图"对话框，点击"确定"进入形状编辑状态。

8.3.6　导入模板

点击标题栏左边的软件图标，再点击"导入"，在对话框中选择wrp模板文件。也可将文件拖动到左边的管理器面板中，进行导入操作。系统将已建好的曲面片划分网格导入视窗，用于工具的批量建模，如图8-6所示。

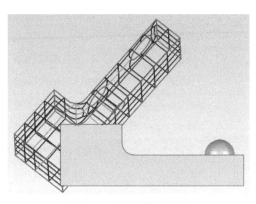

图 8-6　导入模板效果

8.3.7　最佳拟合对齐

在左边的管理器面板中选中"模型"，再点击"对齐"工具栏下"对象对齐"命令组的"最佳拟合对齐"图标，弹出"最佳拟合对齐"对话框，如图 8-7 所示。

点击"应用"后再点击"确定"，效果如图 8-8 所示。

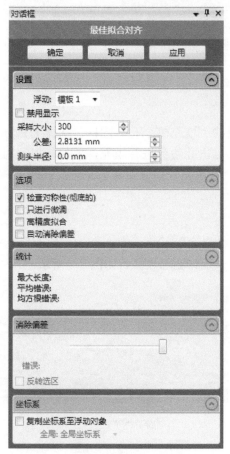

图 8-7　"最佳拟合对齐"对话框

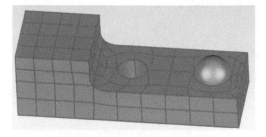

图 8-8　最佳拟合对齐效果

"最佳拟合对齐"对话框命令功能说明如表 8-2 所示。

表 8-2　"最佳拟合对齐"对话框命令功能说明

操作命令	功　　能
设置	用于设置对齐的参数
浮动	在对齐过程中，将发生移动的模型浮动显示
禁用显示	选中后表示对齐的整个过程不在视窗中显示
采样大小	用于设置参与对齐的点数（随意选取的点）
公差	指定不同对象相同点之间的平均偏差
测头半径	用于设置对齐后自动消除测头半径
选项	用于设置检查参数

操作命令	功　　能
检查对称性（彻底的）	该选项用于对称工件的对齐
只进行微调	选中后只进行局部微小调整
高精度拟合	选中后进行高高度拟合
自动消除偏差	选中后系统将忽略明显偏离参考模型的点
统计	用于显示模型的最大长度和平均偏差
消除偏差	低的设置忽略少量点，整体偏差较大；高的设置忽略较多的点，整体偏差较小
坐标系	赋予浮动数据坐标系，并在视窗里显示，在合并的点 1 目录下可看见新建的坐标系

8.3.8　投影模板

点击"精确曲面"工具栏下"曲面片"命令组的"模板"下拉菜单，点击"投影模板"图标，弹出"投影模板"对话框，如图 8-9 所示。

点击"应用"后再点击"确定"，系统将模板的曲面片划分投影到模型上，如图 8-10 所示。

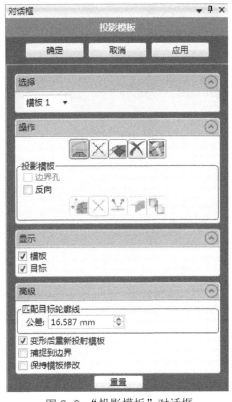

图 8-9　"投影模板"对话框

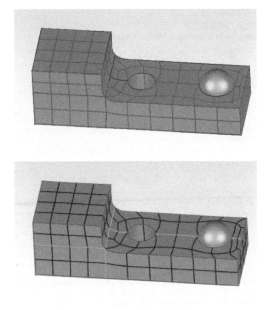

图 8-10　投影模板效果

"投影模板"对话框命令功能说明如表 8-3 所示。

表 8–3 "投影模板"对话框命令功能说明

操作命令	功能
操作	用于编辑模板,包含"投影模板""编辑模板""填充曲面片孔""删除曲面片"和"压缩曲面片"
投影模板	投影模板下有"变形模板""编辑目标""添加/删除投影仪""固定边界"和"测试路径相交"
显示	用于设置视窗的显示内容,包含"模板"和"目标"
高级	用于设置投影的参数

8.3.9 松弛曲面片

点击"精确曲面"工具栏下"曲面片"命令组的"松弛"下拉菜单,点击"松弛曲面片(直线式)"图标,系统将自动松弛高曲率和褶皱较多的曲面片。

8.3.10 构造格栅

点击"精确曲面"工具栏下"格栅"命令组的"构造格栅"图标,弹出"构造格栅"对话框,如图 8-11 所示。

点击"应用"后再点击"确定"退出,效果如图 8-12 所示。

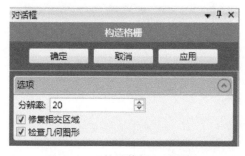

图 8-11 "构造格栅"对话框

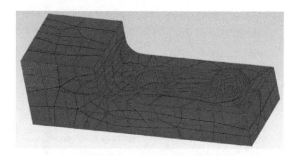

图 8-12 构造格栅效果

"构造格栅"对话框命令功能说明如表 8-4 所示。

表 8-4 "构造格栅"对话框命令功能说明

操作命令	功能
选项	选项包含分辨率、修复相交区域、检查几何图形
分辨率	分辨率 20 表示将每个曲面片划分为 20×20 个小网格
修复相交区域	用于检查相交的格栅并进行修复
检查几何图形	若存在不完善的曲面片,勾中该选项后将继续构造格栅命令

8.3.11 指定尖锐轮廓

点击"精确曲面"工具栏下"格栅"命令组的"指定"下拉菜单,点击"尖锐轮廓线"图标,切换到左侧管理器面板的显示栏,取消除轮廓线以外的所有显示(三角形、曲面片边界等)。运用"套索工具"或鼠标左键框选深红色的轮廓线,选中后变成紫红色,如图 8-13 所示。

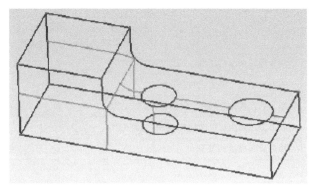

图 8-13　尖锐轮廓线效果

8.3.12　拟合曲面

点击"精确曲面"工具栏下"曲面"命令组的"拟合曲面"图标，弹出"拟合曲面"对话框如图 8-14 所示。

选择"常数"拟合方法，"最大控制点数"输入"12"，"表面张力"输入"0.25"，点击"应用"后再点击"确定"，效果如图 8-15 所示。

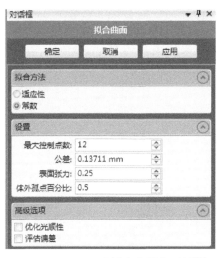

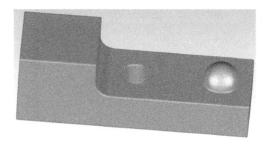

图 8-14　"拟合曲面"对话框　　　　图 8-15　拟合曲面效果

"拟合曲面"对话框命令功能说明如表 8-5 所示。

表 8-5　"拟合曲面"对话框命令功能说明

操作命令	功　　能
拟合方法	用于选择拟合方法，包含适应性和常数
适应性	根据限制，优化每个曲面片所使用的控制点数量
常数	通过输入控制点数和表面张力进行曲面拟合
设置	用于参数设置
最大控制点数	表示每个曲面片控制点的最大数量
公差	用于设置 NURBS 曲面与原始曲面片的最大距离

操作命令	功　　能
表面张力	用于调整精度与平滑之间的平衡
体外孤点百分比	表示可超出公差的点的百分比
高级选项	用于选择优化光顺性、评估偏差
优化光顺性	在公差范围内尽可能使 NURBS 曲面光滑
评估偏差	拟合后将显示其偏差

8.3.13　特征裁剪

点击"精确曲面"工具栏下"曲面"命令组的"转换"下拉菜单，点击"到 CAD 对象"

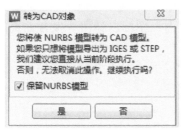

图 8-16　"转为 CAD 对象"
对话框图

图标，即转换到 CAD 对象（曲面框中），"转为 CAD 对象"对话框中弹出提示是否保留 NURBS 模型，如图 8-16 所示，选择"是"进入 CAD 编辑阶段。

点击"CAD"工具栏下"操作"命令组的"裁剪"下拉菜单，点击"用特征"图标。弹出"用特征裁剪"对话框如图 8-17 所示。

在"用特征裁剪"对话框中点击"全选"，点击"应用"后再点击"确定"，效果如图 8-18 所示。

图 8-17　"用特征裁剪"对话框

图 8-18　特征裁剪效果

8.3.14　保存曲面

在左边管理器面板中，右键点击"模型"，选择"保存"。保存时选择相应目录并输入名字，类型选择 Step-AP203 文件或 IGES 文件。

第9章

Geomagic Wrap 分析模块

Geomagic Wrap 允许用户预定义一种标准色谱,能够更清楚地显示出偏差图。由于在模型转换过程中难以避免存在误差,这将直接影响后续的建模过程和模型精度,例如模型从多边形阶段到 NURBS 曲面模型、从多边形阶段到 CAD 曲面模型的过程。因此,需要在逆向建模过程中进行相关参数的测量与偏差分析,以提高模型精度,开展后续参数化修改,为后期参数化建模提供可靠支撑。

9.1 Geomagic Wrap 分析模块主要操作命令

Geomagic Wrap 分析模块分为"比较"和"测量"两个子功能模块,如图9-1所示。

图 9-1 "分析"工具栏

9.1.1 "比较"命令组主要命令

"比较"是通过比较模型之间存在的误差,利用颜色区分的方式显示出误差区域和大小,进而对相关参数进行偏差分析和控制分析,最终实现模型完善和精度提高。通过分析模块还可以计算出实体模型的体积、重心和相对平面的投影面积等数据。

(1)"偏差"在 Geomagic Wrap 生成的偏差分析图中,模型之间偏差是以颜色来区分的。在"偏差"命令的具体使用过程中,当测试对象(Point、Polygon、CAD)对齐至参考对象(Polygon、CAD)后,结果将会以三维彩色偏差图的形式创建生成,我们利用颜色偏差度来量化两者之间的结果偏差。假如测试对象中部分区域并没有足够的数据进行与参考对象的有效比较,那么结果对象中该部分将显示为灰色。值得注意的是,测试对象可以是一个点、多边形或 CAD 对象,通过 Geomagic Wrap 的"偏差"功能,以上测试对象不同的偏差均将在偏差图中以不同颜色来表示。

（2）"编辑色谱"分为"编辑偏差色谱"和"曲率色谱"。

"编辑偏差色谱"用于偏差谱对象的管理，该命令主要是对局部色谱进行编辑。在 Geomagic Wrap 中，通过颜色分配标定表面偏差范围的偏差谱称为偏差色谱。色谱外观显示可以利用编辑偏差色谱来控制，通过颜色段来指定曲面的偏差范围。编辑色谱中最直接的方式是修改颜色段的某些边界值。

"曲率色谱"用于调整多边形对象上出现的曲率图，Geomagic Wrap 的曲率图是以色码的形式体现多边形的曲度，我们可以理解为调整"精确曲面"阶段中多边形对象上显示的曲率贴图特征。

9.1.2 "测量"命令组主要命令

"测量"用于测量对象上点与点的距离或点与特征之间的距离，以获得测量模型的基本尺寸、相对几何位置尺寸和主要形状轮廓尺寸等。

（1）"距离"用于测量对象上两点之间的距离，包括"测量距离"和"从特征测量距离"两个命令。

"测量距离"用于对象上两点之间的最短距离或者表面距离的测量。

"从特征测量距离"用于进行特征要素与点之间的最短距离测量。

（2）"计算"命令可以用于基于被测对象的体积、体积到平面、重心和面积等计算。

"计算体积"用于计算封闭对象的体积。

"计算体积到平面"用于计算多边形对象中所定义的参考平面分割的两部分体积。

"计算重心"用于计算对象的重心并在该位置创建点要素。

"计算面积"用于计算多边形、CAD 表面区域或具有叠加平面对象的交叉区域的面积。

（3）"点坐标"用于手动选择点的 X、Y、Z 坐标并将其导出到文本文件。需要注意的是，三维坐标系能够手动建立，而所输出坐标则是模型现有坐标系上的坐标值。

（4）"贯穿对象截面"是指需要截取某一横截面对其进行调整时，可采用该命令进行测量模型横截面的手动选择。调整之后的区域，将在测量模型对应位置进行显示。

（5）"2D 尺寸"用于创建和修改测量模型横截面的 2D 维度，并对横截面进行测量，或者添加虚拟线进行辅助测量。测量和所添加虚拟线不能撤销。

9.2 Geomagic Wrap 分析模块应用 ▶▶▶▶

为了让读者更好地了解 Geomagic Wrap 分析模块的功能，本节将通过实例直观地展示出"比较"和"测量"功能模块的一系列应用。

9.2.1 实例所实现的主要功能

（1）比较模型之间存在的误差，对相关参数进行测量与偏差分析，以提高模型的精度，为后期参数化建模提供参考依据。

（2）对分析模型的偏差进行分析，得到模型从多边形阶段转换到参数曲面阶段出现的偏差。

（3）对色谱进行编辑，建立用户所需的标准色谱。测量模型上点到点的最短距离、特征到点的最短距离，同时计算封闭对象的体积与重心。

9.2.2　实例操作的主要步骤

（1）导入测量模型；
（2）对实体对象进行偏差分析，生成偏差分析图；
（3）编辑色谱；
（4）测量对象上两点的距离、体积、重心和面积；
（5）选择点并将其 X、Y、Z 坐标值导出为文本文件；
（6）截取测量模型的横截面；
（7）对截取的横截面进行 2D 测量。

9.2.3　导入模型"测量实例"

点击工作界面左上角的"应用程序菜单"，如图9-2所示，然后点击"打开"命令，选择"最近文件"中的"9 底座.wrp"作为测量实例。打开测量实例后，选择工具栏上的"分析"命令，进入分析模块。

图 9-2　导入步骤的选择菜单

9.2.4　偏差分析

在模型管理器中选择"测量实例多边形"，单击"偏差"命令进入对话框。在测试对象选项中选择"测量实例精确曲面"，能够获得图9-3中的偏差图。

图 9-3   偏差分析生成的偏差图

"偏差分析"对话框如图 9-4 所示，下面将给出其中主要的操作说明。

（1）"对象"命令框

"参考：测量实例 多边形"表示当前偏差分析所用的参考基准模型。

"测试：测量实例 精确曲面"表示当前偏差分析的测试模型，可以在下拉菜单中选择当前要测试的模型。

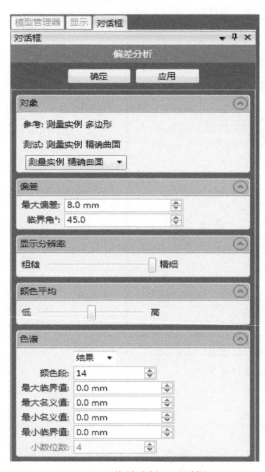

图 9-4   "偏差分析"对话框

（2）"偏差"命令框

"最大偏差"用于指定最大偏差，这个偏差将在报告中输出。任何测试对象超出此偏差，会弹出一个"×% 的点离模型太远，无法用于计算"的提示框。在这种情况下，结果对象将不再有颜色显示。

"临界角"用于指定两个点法线方向的夹角，若超出这一范围将不会进行偏差比较。

（3）"显示分辨率"命令框

较高的分辨率使偏差图的颜色看起来更加细腻，图像的精密度更高，另一方面也可以将偏差图颜色应用到测试数据上。

（4）"颜色平均"命令框

"颜色平均"用于控制任意单个点在结果显示中的影响。其中滑块从低到高共有五个等级，默认为"中"，如果设置为"低"，描述每个点的偏差颜色将会位于该点；如果设置为"高"，则结果中的颜色允许与附近点混合，能够获得更为平滑的色彩云图。

（5）"色谱"命令框

"颜色段"用于设定偏差显示色谱的颜色段，用不同颜色表示偏差范围的分段数，每个颜色段代表不同的偏差范围。

"最大（小）临界值"用于设定色谱所能显示的最大值（最小值）。

"最大（小）名义值"是指色谱中从 0 开始向正（负）方向第一段色谱的最大值（最小值）。

"小数位数"是指在偏差分析所显示结果的小数点后的数值位数。

设置合适的选项后，单击"应用"命令会出现"偏差分析"的子对话框，如图 9-5 所示。

若在实际偏差分析中，没有新建色谱，系统会默认一个最佳显示色谱来表达模型偏差情况。同时，在图形显示区域得到测试模型偏差图，如图 9-6 所示。单击"确定"按钮，退出当前对话框。

（6）"统计"对话框

如图 9-7 所示，下文将给出其中各部分的详细介绍。

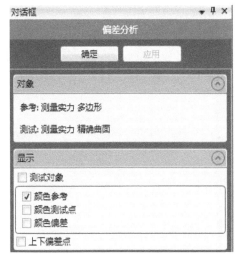

图 9-5 "偏差分析"子对话框

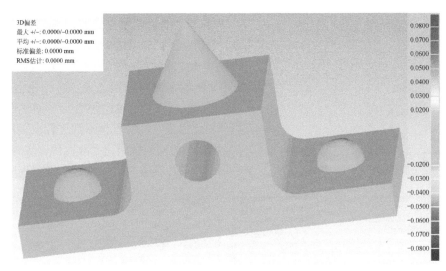

图 9-6 模型偏差图

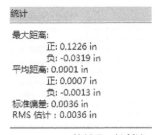

图 9-7 "统计"对话框

"最大距离"是指从测试对象到参考对象上任一点的最大偏差距离，分别有正、负方向上的最大偏差距离显示。

"平均距离"是指从测试对象到参考对象上任一点的平均偏差距离。

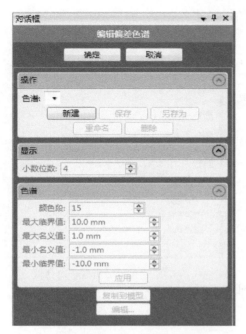

图 9-8 "编辑偏差色谱"对话框

图 9-9 "输入"对话框

"标准偏差"(也被称为标准差或者实验标准差)是方差的算术平方根,它能反映一个数据集的离散程度。标准偏差公式

$$S = \sqrt{\left[\sum(X - \bar{x})^2\right]/(n-1)} \qquad (9\text{-}1)$$

式中,$\bar{x}$ 为 x 的均值;n 为测量次数。

"RMS 估计",RMS 是均方根值,也可称为有效值,可以反映测量数据的可靠性。

均方根误差常用下式表示

$$RMS = \sqrt{\frac{\sum d_i^2}{n}} \qquad (9\text{-}2)$$

式中,n 为测量次数;d_i 为一组测量值与真值的偏差。

9.2.5 编辑色谱

单击"编辑色谱"选择"编辑偏差色谱"命令,弹出对话框,如图 9-8 所示。

点击"新建"命令,出现"输入"对话框,如图 9-9 所示。输入色谱名为"对比色谱一",单击"确定"命令,则"对比色谱一"创建完成。然后将"对比色谱一"的色谱参数进行设置,如图 9-10 (a) 所示。相同步骤新建"对比色谱二",将"对比色谱二"的色谱参数进行设置,如图 9-10(b) 所示。

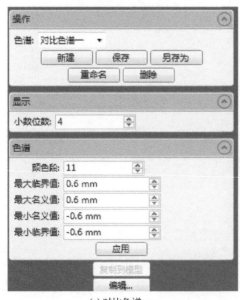

(a) 对比色谱一

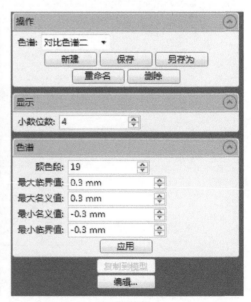

(b) 对比色谱二

图 9-10 对比色谱参数设置

此处之所以分别建立了"对比色谱一"和"对比色谱二",是为了更清楚地将不同色谱下面偏差图所显示的差异体现出来,将两个色谱的颜色段、最大(小)临界值设定为不同数值。选择"对比色谱一",单击"编辑"命令,显示对话框,如图9-11所示。"编辑"对话框中命令说明如下。

图9-11 "编辑"对话框

"删除"表示在 Geomagic Wrap 的工作界面中,如果选择了色谱条的某一分段范围,则能够将其删除。也就是说,通过删除已有段数来减少色谱段数。实例操作具体步骤为:首先,选取正值 0.0200～0.00925 间的原色段,如图9-12(a)所示;然后单击"删除"命令,删除该段,结果如图9-12(b)所示。

"分裂"表示如果选择了色谱条的某一分段范围,就能将选定色谱范围均分为两个新的分段,通过分裂现有的段以增加段数。首先单击正值 0.0015～0.0763 间的颜色段,如图9-13(a)所示;然后单击分裂命令细分,如图9-13(b)所示。

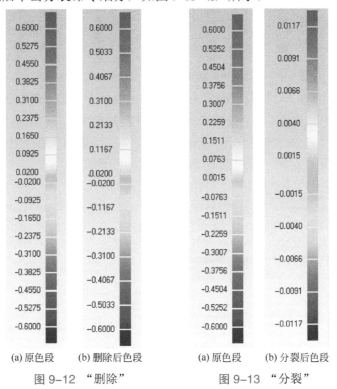

(a)原色段　(b)删除后色段　　(a)原色段　(b)分裂后色段

图9-12 "删除"　　　　　图9-13 "分裂"

"更改颜色"表示若选择了色谱条的某一分段范围,可将表示偏差范围的颜色进行重新选择,即改变其中一段的颜色。首先选取正值 0.0200～0.0400 间的颜色段,如图9-14(a)所示。然后单击"更改颜色"命令,将会弹出"颜色对话框",需要从中选择一种颜色,并单击"确定"。通过以上方法便能够用新的颜色来更新色谱,如图9-14(b)所示。

"延展颜色"表示延展所选颜色段的颜色。修改颜色段的范围,可通过更改上下方的值来更改色谱显示。首先选取值 -0.0400～0.0600 间的颜色段,如图9-15(a)所示;其次在对应偏差色谱编辑框内,将下方值改为 -0.2000,上方值改为 0.0200;最后,单击"延展颜色"命令,显示结果如图9-15(b)所示。

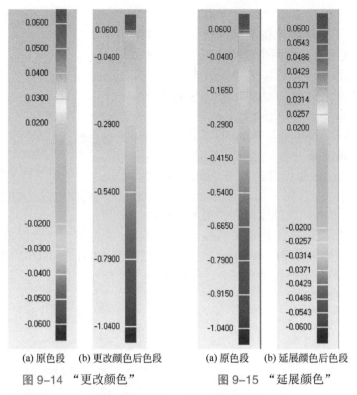

(a) 原色段　(b) 更改颜色后色段　　　　(a) 原色段　(b) 延展颜色后色段

図 9-14 "更改颜色"　　　　　　図 9-15 "延展颜色"

"平均大小"表示设定某一分段范围的上 (下) 极限偏差。

在模型管理器中选择"测量实例　精确曲面",单击"偏差"命令则出现该命令对话框,选择测试对象为"测量实例　多边形",如图 9-16 (a) 所示。

(a)　　　　　　　　　　　　　　(b)

図 9-16　测量实例精确曲面

选择默认值，单击"应用"命令进行偏差分析，如图9-16（b）所示。

"测试对象"用于设置是否将测试对象显示在图形区域的彩色参考对象上。

"颜色参考"用于设置是否显示参考对象上的3D结果图。

"颜色测试点"用于设置是否显示测试对象上每个点的3D结果图。

"颜色偏差"用于设置是否显示测试对象到参考对象的每个点的偏差颜色和方向。

"上下偏差点"表示可以查看最大正负偏差值所在的位置，显示为自身位置点的两个彩色球。

通过以上的一系列操作，获得的偏差分析图如图9-17所示。

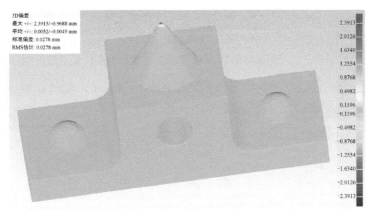

图9-17　偏差分析图

分别选中"测试对象""颜色测试点"和"颜色偏差"，显示效果分别对应图9-18中（a）、（b）、（c）。

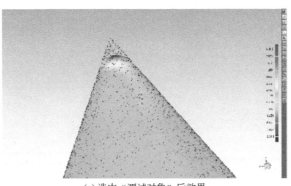

(a) 选中"测试对象"后效果

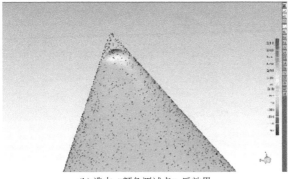

(b) 选中"颜色测试点"后效果

图9-18

(c) 选中"颜色偏差"后效果

图 9-18 "测试对象""颜色测试点""颜色偏差"显示效果

如上文所述，我们建立了"对比色谱一"与"对比色谱二"，此时在色谱中分别选择"对比色谱一"与"对比色谱二"，显示效果如图 9-19 所示。

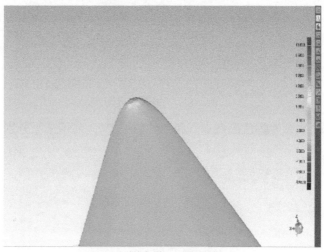

(a) "对比色谱一"显示效果

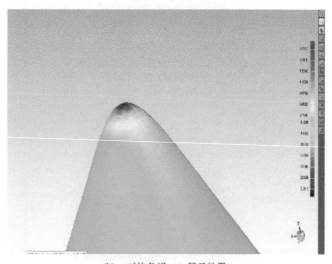

(b) "对比色谱二"显示效果

图 9-19 "对比色谱一"和"对比色谱二"显示效果

9.2.6 计算测量模型上两点的距离、体积、重心和面积

（1）测量点到点的距离

单击"距离"和"测量距离"命令，在图形上选择两个需要测量的点，从模型上采集相关数据并在对话框中显示，如图9-20所示。

图中，"测量距离"对话框操作命令说明如下：

"第一个点"表示所测量距离的第一个点的三维坐标；

"第二个点"表示所测量距离的第二个点的三维坐标；

"距离"表示是两点之间的三维坐标差值；

"边界框"表示由系统自动给出的用以方便测量的线框。

测量完成后，单击"确定"按钮，退出当前对话框。

图 9-20　两点距离的测量

（2）测量点到特征的距离

单击"距离"和"从特征测量距离"命令，进入模型管理器，以显示所需测量的特征。

在操作对话框内，依次选择特征和需要测量相对特征距离的点，计算选定点和选定特征之间的最短直线距离，如图9-21所示。单击"确定"按钮，退出当前对话框，即可得到测量点到选择的特征点的距离。

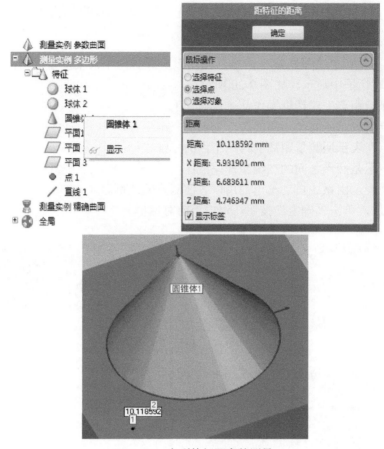

图 9-21　点到特征距离的测量

（3）计算测量对象体积

在模型管理器中选择相应对象，再单击"计算"和"计算体积"，可以获得所选对象体积，如图 9-22 所示。单击"确定"按钮，退出当前对话框。

图 9-22　计算测量模型体积

（4）计算测量对象被参考平面所分开的两部分体积

单击"计算"；

在"计算体积到平面"对话框中，选择"XZ 平面"；

"旋转 Z"输入"7.0"；

"位置度"输入"79.898mm"。

定义参考平面，计算参考平面所分割多边形模型两侧模型体积，如图 9-23 所示。

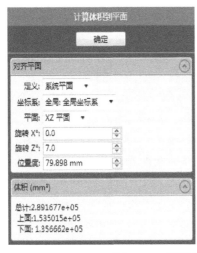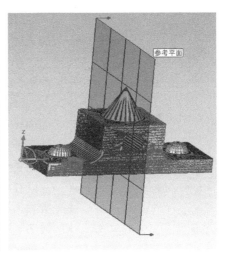

图9-23　测量模型到参考平面的体积

"计算体积到平面"是通过定义参考平面来分割测量对象，然后分别计算测量对象位于分制平面两侧的体积。单击"确定"按钮，退出当前对话框。

（5）计算测量模型的重心

单击"计算"和"计算重心"命令，计算测量模型的重心，并在重心处创建一个点特征，计算出重心位置，如图9-24所示，单击"是"，创建一个点特征"重心"。

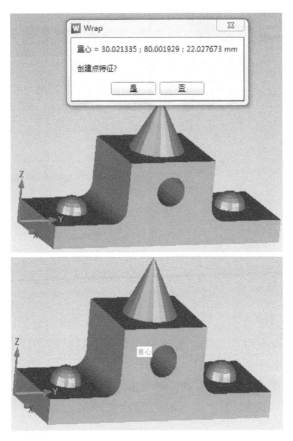

图9-24　测量模型的重心计算

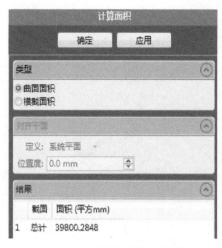

图 9-25 "计算面积"对话框

（6）计算测量模型的表面积或投影到指定平面的表面积

单击"计算"和"计算面积"命令进入"计算面积"对话框，如图 9-25 所示。

"计算面积"对话框中"类型"命令框有计算"曲面面积"和"横截面积"两个选项，"曲面面积"是计算所选对象的全部面积，"横截面积"是先确定横截面再计算截断面积。

在"计算面积"对话框中，选中"横截面积"类型，在"对齐平面"命令框中选择"*YZ* 平面"，"旋转 Z°"输入"3.0"，"位置度"输入"30mm"。定义横截平面，计算横截平面所分割的多边形模型两侧模型面积，如图 9-26 所示。

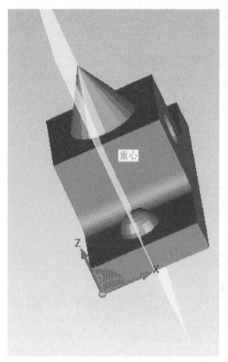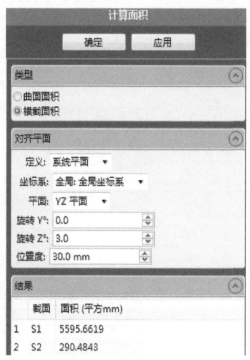

图 9-26 计算横截面积

（7）选择点并导出坐标值

单击"测量"和"点坐标"命令，弹出"点坐标"对话框如图 9-27 所示。

在"点坐标"对话框中，能够进行以下操作。

对点的标签名进行编辑，在"选项"命令框中"在输出时包括标签"表示导出文本文件时，点的标签和坐标一起输出；"显示点"表示在模型上显示已捕捉点；"显示标签"表示在模型上显示点的标签。

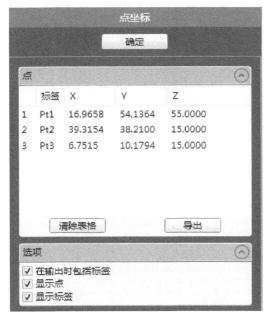
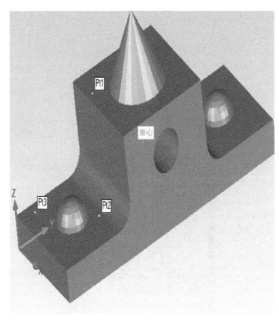

图 9-27 "点坐标"对话框

依次选择需要测量的点，将获取所选择点的坐标，单击"导出"命令，进入文本文件"另存为"对话框，输入文件名为"标记点坐标"，单击"保存"命令，文本文件生成完毕。打开所保存的文本后，所选点的坐标将以文本形式显示，如图 9-28 所示。

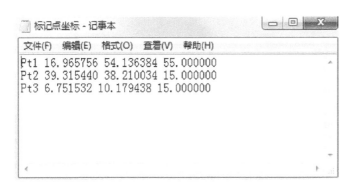

图 9-28　点坐标导出文件

9.2.7　贯穿对象截面并获取横截面

在 Geomagic Wrap 中能够获取测量模型的横截面或指定横截面。单击"贯穿对象截面"，在"贯穿对象截面"对话框中，选择对象的特征命令，显示所选特征位于测量模型的对应横截面，效果如图 9-29 所示。

点选"只显示截面"并对横截面所需要的位置（如垂直、水平等）进行自定义调整，完成后单击"保存"命令，如图 9-30 所示。打开 Geomagic Wrap 的模型管理器，能够看到所保存测量模型的截面已经生成。

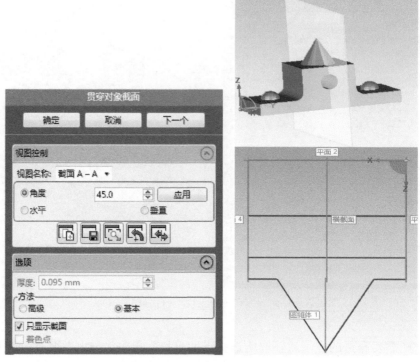

图 9-29　获取测量模型横截面

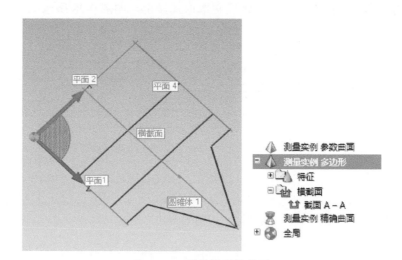

图 9-30　测量模型横截面

9.2.8　2D 尺寸功能

2D 尺寸功能用于创建和修改测量模型横截面的 2D 维度，并对横截面进行所需测量，或者添加虚拟线进行辅助测量。单击"2D 尺寸"并单击"创建"，在模型管理器中选择所需要测量的模型横截面，进入图 9-31 所示的"创建 2D 尺寸"对话框。

（1）"模式"命令框

用来选择测量模型横截面尺寸对应的"尺寸类型"和"拾取方法"。

（2）"尺寸类型"命令框

"水平"命令表示对所选横截面任意两条线段对象进行水平方向的测量，输出结果为两个所选线段间的水平距离。

"垂直"命令表示对所选横截面任意两条线段对象进行垂直方向的测量，输出结果为两个所选线段间的垂直距离。

"半径"命令表示对所选横截面中相邻的两条线段所围成的圆的半径进行测量，输出结果为围成圆的半径。

"直径"命令表示对所选横截面中相邻的两条线段所围成的圆的直径进行测量，输出结果为围成圆的直径。

"夹角"命令表示对所选横截面相邻两条线段所形成的夹角进行测量，输出结果为两条线段间夹角。

"平行"命令表示对所选横截面任意两条平行线段对象的距离进行测量，输出结果为两个所选线段间的平行距离。

"两个点"命令表示在横截面中任意选取两个点，对其相对距离进行测量。

"文本"命令表示任意插入一个点进行文本输入操作，在尺寸步骤处编辑需要注释的文字。

图 9-32 为"构造类型"命令框，该命令将对被测模型添加线段以便在测量中使用。

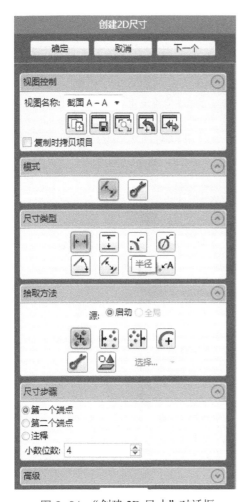

图 9-31 "创建 2D 尺寸"对话框

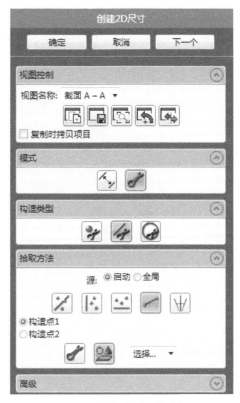

图 9-32 "构造类型"命令框

"构造类型"命令框中,有"点构造""直线构造"和"圆构造"三种命令,将分别对所选的横截面添加点、直线和圆,以方便测量的定位使用。

"拾取方法"命令框中,在不同的构造类型中有不同的显示,默认模式为"最佳拟合",用户可以根据自己的需要选择合理的拾取方法。

保存所编辑的 2D 尺寸之后,相应的 3D 位置尺寸就能够在测量模型上显示出来,如图9-33 所示。此处需要着重说明的是,因为所选择的横截面线段属于锁套框选点,也就是说,编辑的每一个 2D 尺寸将会自动保存,即使单击"取消"按钮也无法清除 2D 尺寸。

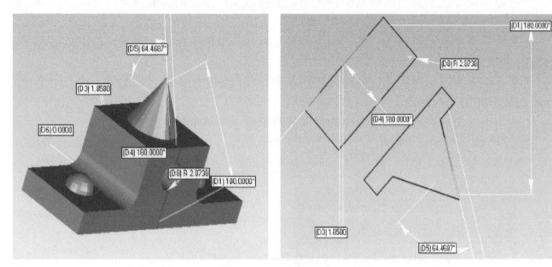

图 9-33 测量模型上显示相应的 3D 位置尺寸

单击"2D 尺寸"和"重新编号 2D 尺寸"命令,可以对所编辑的 2D 尺寸重新标号或重新排序,如图 9-34 所示。单击"应用"和"确定"按钮,保存所重新编辑的尺寸编号。

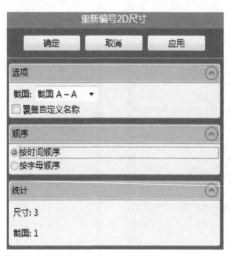

图 9-34 重新编号 2D 尺寸

第10章
综合案例

10.1 门板的逆向建模操作

10.1.1 打开点云文件

将三维扫描仪扫描完成的文件导入到 Geomagic Wrap 软件当中，通常的保存格式有 *.ply、*.asc、*.stl、*.obj 四种。将门板点云文件打开，初始效果如图 10-1 所示。

图 10-1 门板点云初始形状

10.1.2 点云阶段

扫描完成的文件由于人为操作、设备振动、扫描到背景物体等原因，在点云阶段要进行"去除体外孤点""减少噪声"和"采样"等操作。首先需要对门板进行着色处理，以方便进行观察。着色完成后的效果图如图 10-2 所示。

　　着色完成后可以发现模型外有很多浮动孤点，这时候就要进行"去除体外孤点"操作，敏感度根据物体所需的表面粗糙度选择，敏感度选择得越高表面越光滑，同时细节特征也会相应地减少。"去除体外孤点"完成后的效果如图 10-3 所示。

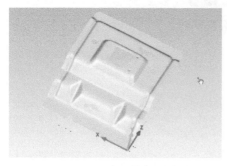
图 10-2　点云着色后效果

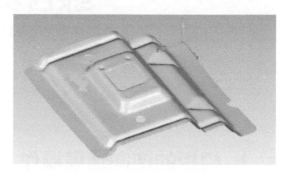
图 10-3　去除体外孤点后效果

　　去除完成后进行"减少噪声"处理，这里点击"显示偏差"，观察"减少噪声"之后的颜色偏差，如图 10-4 所示。

　　然后进行"统一采样"操作。采样可以在点云数据保持原形状不变的基础上，减少无序点云的数量，从而达到物体表面光顺的效果。采样间距在原基础上进行减少，然后点击"保持边界"复选框，采样后的效果如图 10-5 所示。

图 10-4　减噪后颜色偏差

图 10-5　采样后效果

　　最后"封装"。更改三角形数量和原先点云数据相近，进入多边形阶段。"封装"后门板进入多边形阶段，效果如图 10-6 所示。

10.1.3　多边形阶段

　　对门板模型进行"填充孔"命令操作，将模型扫描过程中没有扫描好的区域进行修补。选择"填充孔"命令中的"填充单个孔"，根据孔的类型选择填充方式，这个孔是在缺失的边界，所以选择"边界孔"命令。由于门板是平面钣金件，所以选择"平面"作为修补后的效果。修补完成后用"填充内部孔"命令填充其他孔，填充后效果如图 10-7 所示。

图10-6　多边形门板模型

图10-7　修复完成后的效果

接着用"松弛多边形"命令来光滑表面。点击"松弛多边形"命令，然后调整"强度""平滑级别"和"曲率优先"的滑块控制器，让光顺后的表面满足需求。由于门板的边界有要求，所以需要选中"固定边界"，然后进行"松弛"，"松弛"后效果如图10-8所示。

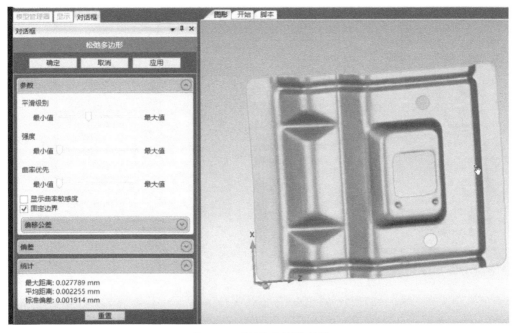

图10-8　"松弛"后的效果

然后用"砂纸"打磨门板的表面，以减少表面的肿块和压痕。打磨过程如图10-9所示。

用"网格医生"对模型进行整体修复，将模型的相交区域和看不见的细小边界进行修补，修补过程如图10-10所示。

对边界进行修补，采用"编辑边界"进行"松弛"，然后点击"直线化边界"，使模型的边界特征更加贴近实际形状，最后将门板中的孔进行拟合填充。操作完成后的效果如图10-11所示。

以上就是门板点云文件的全部操作过程，操作完成后的模型已经基本满足生产的要求。导出为*.stl格式后，就可以在正向建模软件中进行参考，也可以导入到其他建模软件中进行批量生产。

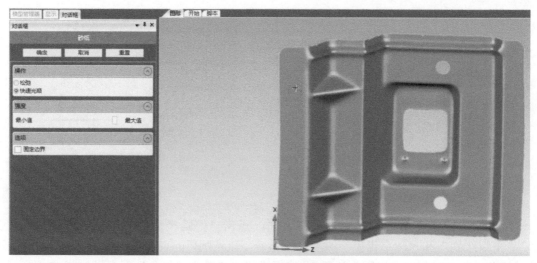

图 10-9 "砂纸"打磨过程

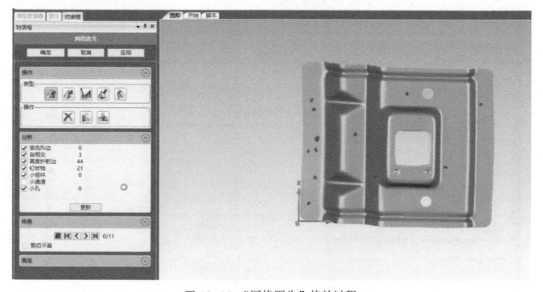

图 10-10 "网格医生"修补过程

图 10-11 完成后门板

10.2 气道的逆向建模操作

10.2.1 打开点云文件

将用三维扫描仪扫描完成的文件导入到 Geomagic Wrap 软件当中，通常的保存格式有 *.ply、*.asc、*.stl、*.obj 四种。将气道点云文件打开，初始效果如图 10-12 所示。

图 10–12　气道初始形状

10.2.2 点云阶段操作

观察模型，模型上出现三种颜色的点是因为在扫描过程中没有处理好。首先对模型进行采样，选中"保持边界"，让模型在形状不变的基础上减少点云数量，确保"封装"后的模型数据不冗杂，采样后气道模型如图 10-13 所示。

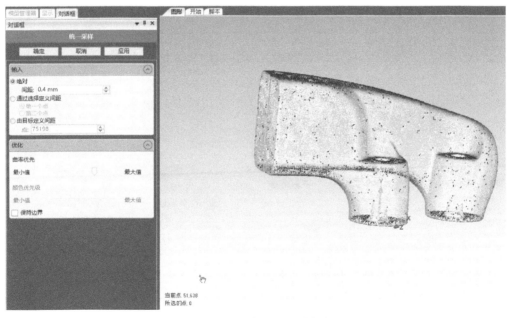

图 10–13　采样后气道模型

然后对气道进行减噪处理，让气道点云文件更加光顺。由于气道模型形状比较复杂，需将参数进行修改，选择自由曲面形状，偏差限制修改为 0.2 左右，然后进行"减少噪声"处理，处理效果如图 10-14 所示。

到此气道模型点云阶段就完成了，点击"封装"，设定三角形数为合适的数量，注意三角形数要比点云数据少，"封装"之后的效果如图 10-15 所示。

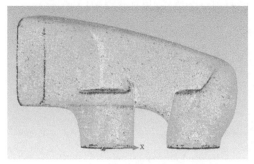

图 10-14　气道模型"减少噪声"效果　　　　图 10-15　"封装"后气道模型

10.2.3　多边形阶段操作

观察"封装"完成的气道模型，首先对气道管上的两个圆孔进行删除操作，因为孔的数据大小在实际应用中不确定，所以把孔删除后进行填补，在其他正向建模软件中再进行打孔操作。删除孔之后再点击"平面"和"内部孔"来对孔进行填充，填充完之后效果如图 10-16 所示。

同理，气道的尾端和接管处，也要进行修改操作，选择"裁剪"命令中的"平面裁剪"，对平面的相应位置进行裁剪，裁剪完成后的效果如图 10-17 所示。

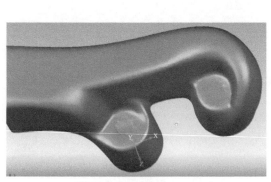

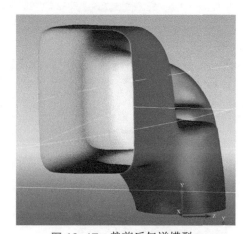

图 10-16　填充孔　　　　　　　　　　图 10-17　裁剪后气道模型

接着对边界进行"松弛"和"直线化边界"处理，让边界形状更接近实际，然后再进行延伸操作。选择"编辑边界"中的"投影边界到平面"，然后对需要延伸的边界进行延伸，完成后效果如图 10-18 所示。

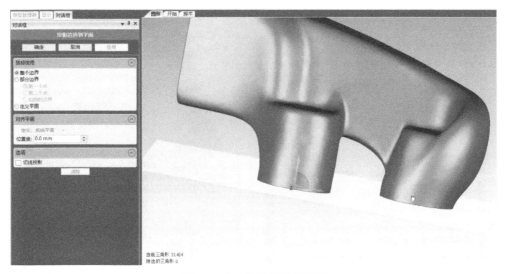

图 10-18　延伸裁剪后效果

对延伸完成之后的模型，进行填充操作，选择"填充单个孔"命令，用"平面"和"内部孔"对孔进行填充，修复完成后的气道模型如图 10-19 所示。

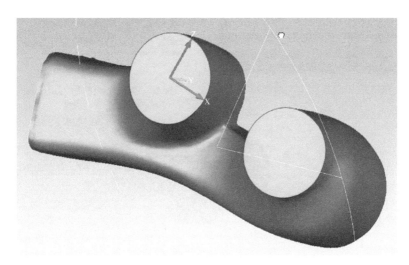

图 10-19　平面填充延伸后效果

然后使用"网格医生"命令，如图 10-20 所示。选中所有选项，可以看到模型中有 27 个钉状物，修复完成后所有选项变为零，就代表气道模型的表面已经符合需求，没有不理想的表面。

用"砂纸"和"去除特征"命令进行表面的光顺，前后对比效果如图 10-21 所示。

由于气道模型属于曲率较高的模型，因此需要"重划网格"。在不改变原先形状的基础上，根据曲率在模型上增加更多的点，以便于进入多边形阶段之后进行操作。"重划网格"命令前后对比效果如图 10-22 所示，注意观察三角片数量变化。

以上就是多边形阶段的所有操作，为了便于在正向建模软件中对气道模型进行修改，需要将模型曲面化。

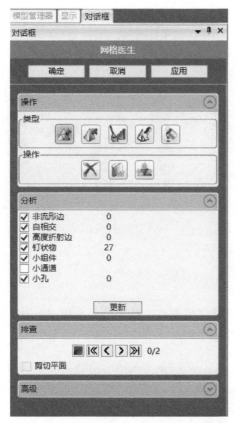

图 10-20 "网格医生"对话框

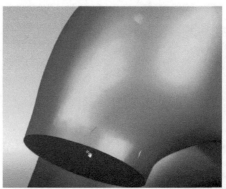

(a) 光顺前效果图

(b) 光顺后效果图

图 10-21 光顺前后气道表面效果对比

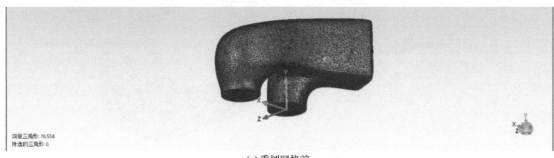

(a) 重划网格前

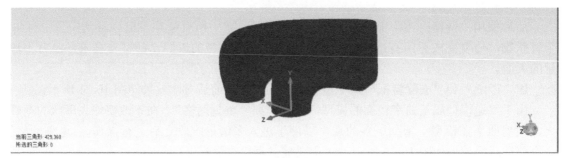

(b) 重划网格后

图 10-22 "重划网格"效果对比

10.2.4 曲面阶段

经过调整后的多边形气道可以直接进行"精确曲面"处理，点击"精确曲面"命令，如图10-23所示，发现在模型管理器中，多边形模型变为曲面模型。

图10-23 "精确曲面"命令

构建曲面之后，将文件保存为 *.igs 或者 *.iges 格式，可在其他正向建模软件中打开。这里用NX打开，打开之后的NURBS曲线文件如图10-24所示。

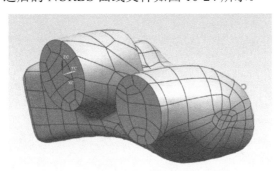

图10-24 NURBS曲线模型在正向建模软件（NX）中的图像

10.3 挡块的逆向建模操作

10.3.1 打开点云文件

将用三维扫描仪扫描完成的文件导入到 Geomagic Wrap 软件当中，通常的保存格式有 *.ply、*.asc、*.stl、*.obj 四种。将挡块点云文件打开，初始效果如图10-25所示。

10.3.2 点云阶段

首先观察挡块模型，可以看到扫描的点云数据比较均匀，对挡块进行"去除体外孤点"操作，敏感度调整到 80%，出现的红色点就是敏感度之外远离主体的点，去除体外孤点后的模型如图 10-26 所示。

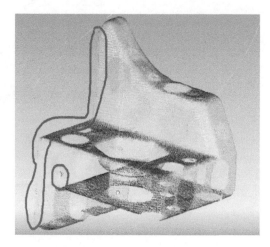

图 10-25 导入后挡块点云   图 10-26 去除挡块体外孤点

由于扫描中设备振动或者光源变化等原因，挡块表面会出现一些噪声点，这就需要进行"减少噪声"处理。将偏差限制改为 0.2，形状参数选择自由曲面形状，再进行"减少噪声"处理。"减少噪声"偏差前后效果如图 10-27 所示。

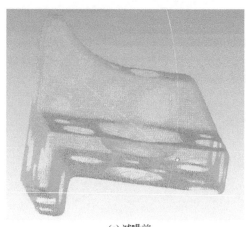

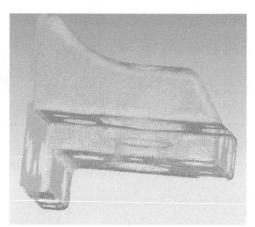

(a) 减噪前   (b) 减噪后

图 10-27 挡块模型减噪对比

接着对模型进行采样，减少繁杂的点云数据。点击"保持边界"，确保不会影响到模型原本形状，将间距调整到比系统给定的参数稍小，调整前后点云数据会发生精简变化，效果如图 10-28 所示。

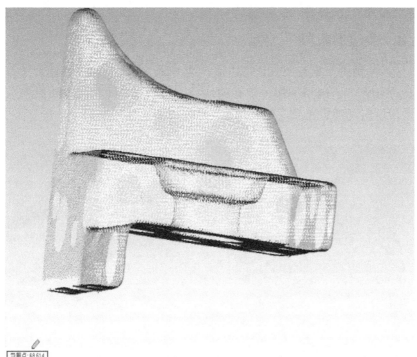

当前点: 68,614
所选的点: 0

(a) 调整前

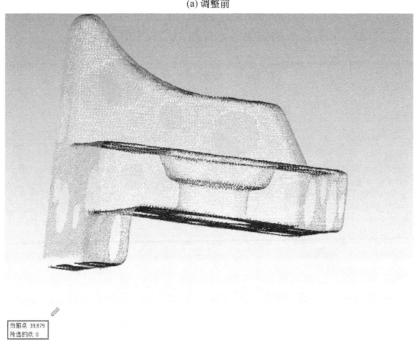

当前点: 39,879
所选的点: 0

(b) 调整后

图 10-28　挡块模型采样

到这里，点云阶段的操作基本就已经结束了，接下来对模型进行"封装"处理。把最大三角形数调整到比点云数据稍少，然后"封装"进入多边形阶段，效果如图10-29所示。

10.3.3　多边形阶段

"封装"之后的挡块由无数个三角形组成，观察挡块模型，模型表面有很多缺失，需要进行"填充孔"操作，运用搭桥和内部孔的修补方法，用平面、切线和曲率三种方式修复表面状态，对模型实现理想还原，效果如图10-30所示。

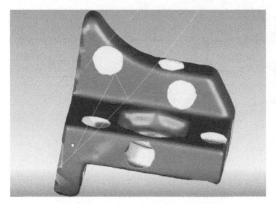
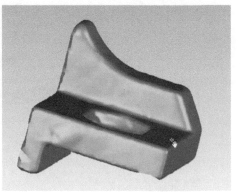

图10-29　"封装"挡块点云效果　　　　图10-30　填充完成后挡块模型效果

接着对表面进行打磨，用"砂纸"进行光滑，减少表面的凹凸起伏（也可以采用"去除特征"，"去除特征"之后的表面曲率比"砂纸"打磨之后的表面曲率更高，"去除特征"之后的表面更加光滑），打磨之后的效果对比如图10-31所示。

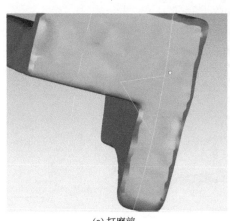
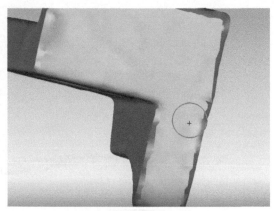

(a) 打磨前　　　　　　　　　　　　　(b) 打磨后

图10-31　"砂纸"打磨模型前后对比

然后对整体进行"松弛"操作，让表面更加光顺，光顺之后的前后对比如图10-32所示。

为了让整体多边形没有细小的错误和相交区域，选择"网格医生"进行修复。"网格医生"会检查物体表面的不合理处进行修复，修复完成之后"网格医生"中的参数会全部转换为零，效果如图10-33所示。

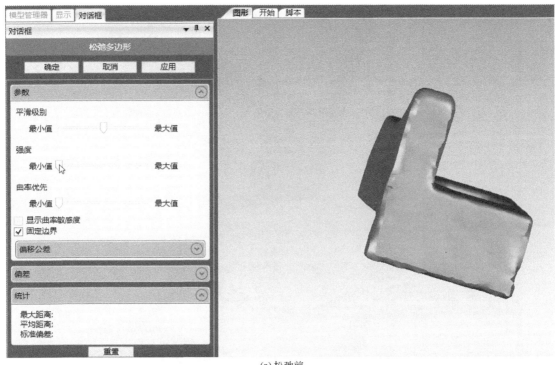

(a) 松弛前

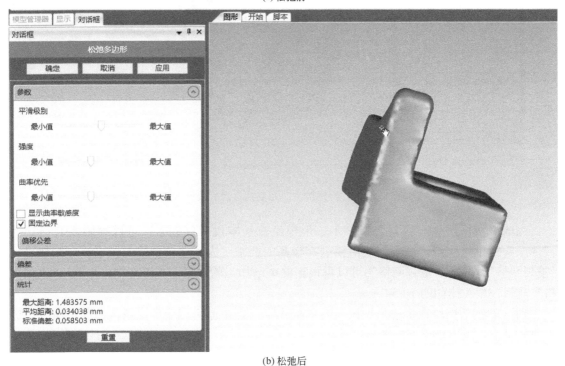

(b) 松弛后

图 10-32　松弛前后对比

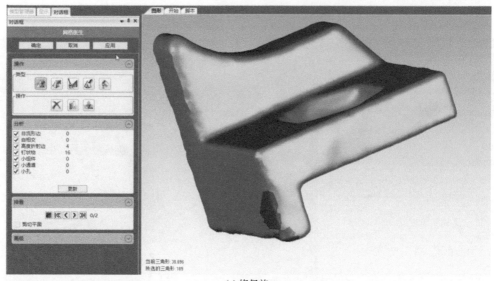

(a) 修复前

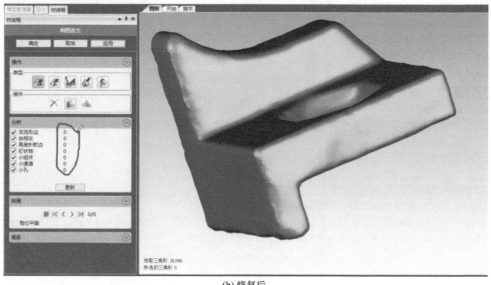

(b) 修复后

图 10-33 "网格医生"修复挡块前后效果对比

完成"网格医生"修复之后，多边形模型就基本没有问题了，可以导出 *.stl 格式的文件，实行批量生产。由于挡块对模型有较高的要求，为了让模型的质量更高，需要进行"重划网格"操作，"重划网格"可以再根据曲率增加点的数量而不改变物体形状。"重划网格"前后模型对比如图 10-34 所示。

到这里就是挡块在多边形阶段所有的操作了，点击命令栏中的"精确曲面"命令，进入曲面阶段，以追求更好的模型质量。

10.3.4 曲面阶段

通过点击"精确曲面"命令，如图 10-35 所示，让挡块成为曲面文件，文件的标志会从多边形转换为曲面形状。

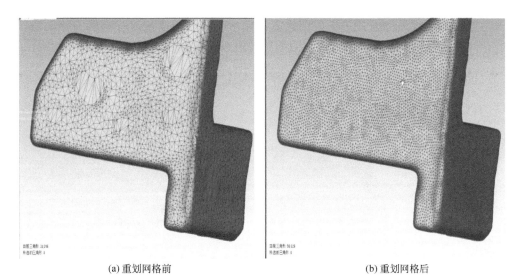

(a) 重划网格前   (b) 重划网格后

图 10-34   "重划网格"前后效果对比

图 10-35   进入曲面阶段

点击"自动曲面化"命令，会进入将多边形模型转化为曲面模型的过程，通过系统将挡块变为曲面文件，颜色从天蓝色变为黄褐色，如图 10-36 所示。

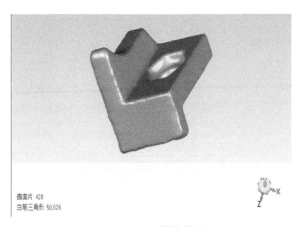

图 10-36   挡块曲面

因为挡块的组成大部分是平面，因此曲面化后的模型不需要进行精确的移动操作，通过点击"拟合曲面"进行自动拟合，对曲面挡块进行快速操作，结果如图 10-37 所示。

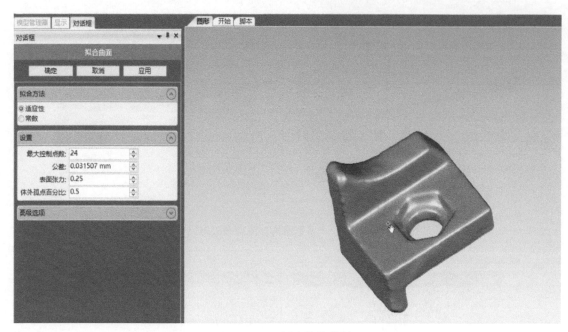

图 10-37　拟合挡块曲面

然后导出文件，选择文件格式为 *.iges 或者 *.igs，保存为 NURBS 曲线（非均匀有理 B 样条）就可以在正向建模软件中进行操作，"导出选项"对话框如图 10-38 所示。

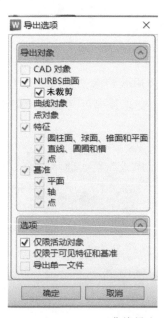

图 10-38　NURBS 曲线导出

到这里，挡块点云文件在 Geomagic Wrap 中的操作就已经完成。

10.4　小白兔玩具的逆向建模操作

10.4.1　导入文件

将用三维扫描仪扫描完成的文件导入到 Geomagic Wrap 软件中，通常的保存格式有 *.ply、*.asc、*.stl、*.obj 四种。打开小白兔玩具点云文件，初始效果如图 10-39 所示。

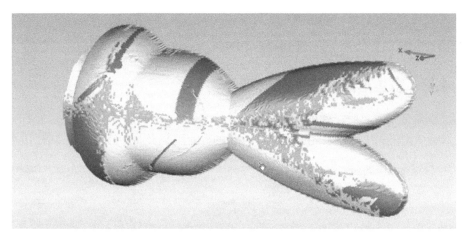

图 10-39　小白兔玩具初始效果

首先观察小白兔玩具模型，这是一个玩具的外壳模型，对表面要求不是很高，而且是直接扫描的 *.stl 格式文件。模型由黄色和蓝色组成，说明模型的法线不一致。先将多边形模型转换为点，在点云阶段进行操作。

10.4.2　点云阶段

因为模型的法线方向不一致，需要选中进行反转的面，然后点击反转法线，完成之后的效果如图 10-40 所示。

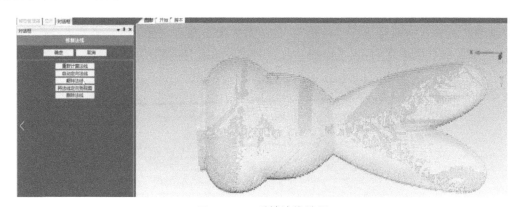

图 10-40　反转法线效果

因为扫描仪扫描完成的文件是多边形模型，因此反转法线完成之后，直接就可以"封装"进入多边形阶段。"封装"之后的效果如图 10-41 所示。

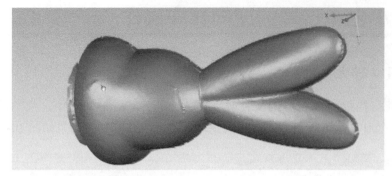

图 10-41 "封装"完成效果

10.4.3 多边形阶段

反转法线命令完成之后，就可以当作刚导入到 Geomagic Wrap 中的初始多边形文件进行操作，首先选择"网格医生"修复相交区域和钉状物等非理想表面。修复过程如图 10-42 所示。

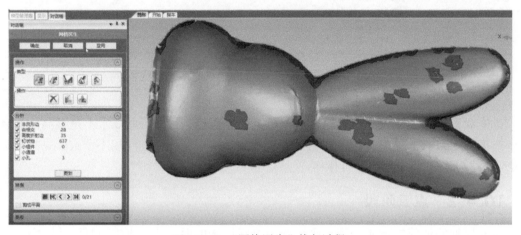

图 10-42 "网格医生"修复过程

小白兔玩具模型属于玩具模型类，表面要求光滑，因此对其进行"松弛"操作。通过"调整强度""曲率"等命令进行"松弛"。如果对效果不满意，可以进行多次"松弛"操作，直到对表面光顺程度满意为止，"松弛"前后的效果如图 10-43 所示。

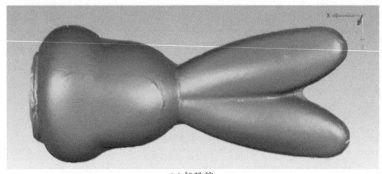

(a) 松弛前

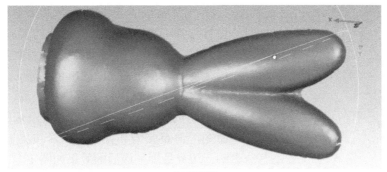

(b) 松弛后

图 10-43 "松弛"前后效果对比

"松弛"命令针对的是整体模型，针对一些细节处的不理想区域，可以选择"去除特征"或者"砂纸"进行光顺操作。这里采用"砂纸"光顺，对表面的肿块压痕等区域进行处理，处理过程如图 10-44 所示。

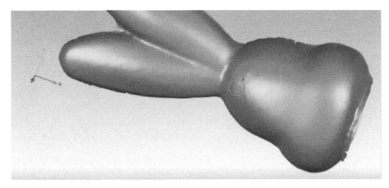

图 10-44 "砂纸"打磨过程

继续观察模型，表面已经处理完成，还有一些数据缺失需要进行修补，所以选择"边界孔"命令，对模型的边界缺失进行修补，修补后的效果如图 10-45 所示。

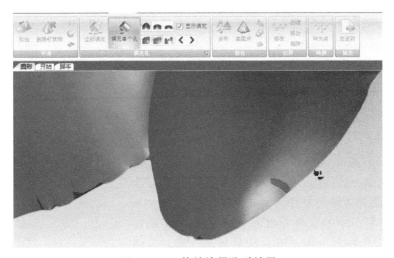

图 10-45 修补边界孔后效果

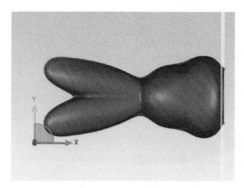

图 10-46 "平面裁剪"过程

小白兔玩具模型的头部以下，是和身体模型进行连接的部分，因此对边界的要求比较高，选择"裁剪"命令中的"平面裁剪"，调整平面的位置进行裁剪，裁剪过程如图 10-46 所示。

之后就是对整体边界进行处理，因为小白兔玩具模型的边界线并不规范，所以选择"编辑边界"命令，调整张力和控制点，对边界进行"松弛"控制，边界处理完成后的效果如图 10-47 所示。

小白兔玩具模型属于对模型要求较低的产品，至此就可以对模型实现批量生产，小白兔玩具模型的编辑工作结束，成型的效果如图 10-48 所示。

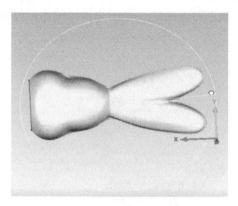

图 10-47 "编辑边界"后效果

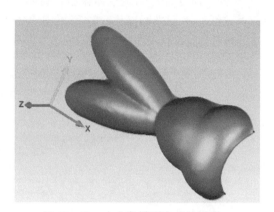

图 10-48 小白兔模型完成效果图

10.5 路障球的逆向建模操作 ▶▶▶

10.5.1 导入点云文件

很多点云文件由于形状复杂或者体型过大，无法一次扫描完成，因此要进行后期的拼接注册操作，首先将两片点云数据导入到 Geomagic Wrap 当中，打开之后的图像如图 10-49 所示。

10.5.2 点云注册阶段

点击"对齐"命令，同时选中两片点云，然后点击"点云注册"命令，选择固定窗口的点云文件，接着选择浮动窗口的点云文件，复杂一点的模型需要选择"n点注册"，固定窗口中的文件呈红色在左上角，浮动窗口中的文件呈绿色在右上角，下方就是显示点云对齐情况的实时视图，点云注册如图 10-50 所示。

图 10-49 路障球初始界面

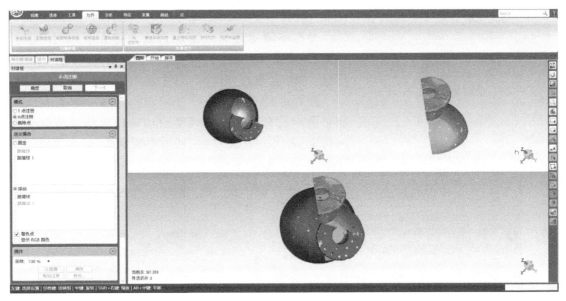

图 10-50 "点云注册"界面

选择两片点云的公共部分特征，通过点击产生的点进行对齐，然后观察对齐情况进行调整，对齐效果满意就可以点击"注册器"进行注册，点云注册过程如图 10-51 所示。

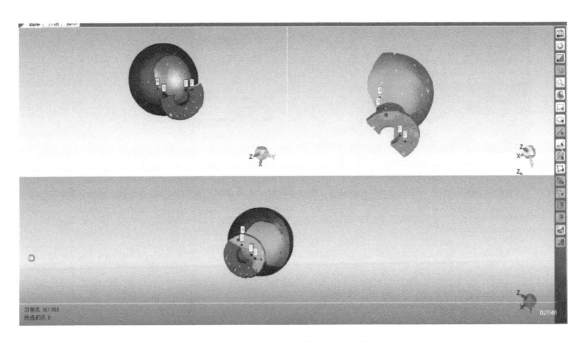

图 10-51 "点云注册"过程

10.5.3　点云阶段

注册完成之后的路障球模型呈现为一个整体，可以当成导入到 Geomagic Wrap 中的初始点云模型来进行操作，选择"点"命令来进行点云阶段操作，路障球点云阶段效果如图

图 10-52　点云拼接完成效果图

10-52 所示。

观察路障球模型，发现点云分布并不均匀，选择"去除体外孤点"命令，选中非敏感度范围内的点云，进行删除操作，过程如图 10-53 所示。

接着进行"减少噪声"处理，让路障球的表面更加平滑，没有噪声点。调节自由曲面形状，修改偏差为 0.2，迭代次数改为 1。然后"减少噪声"，效果如图 10-54 所示。

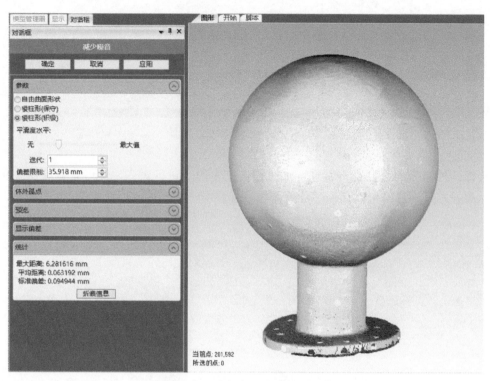

图 10-53　"去除体外孤点"操作

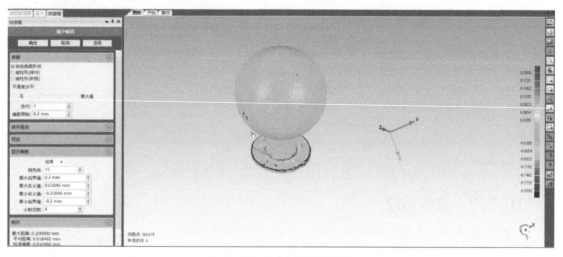

图 10-54　"减少噪声"操作

因为点云数量过多，需要进行采样，这里选用统一采样，注意采样之前的点云数量，修改间距为 0.9，然后点击应用。采样后的点云数量明显减少，对比如图 10-55 所示。

图 10-55　采样后数据对比

至此点云阶段的操作基本完成，点击"联合点对象"，将两片点云数据修改为一片点云数据，并对其命名。命名之后的结果如图 10-56 所示。

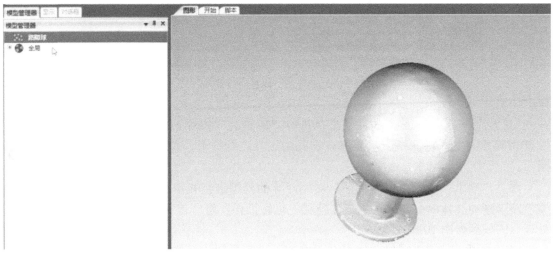

图 10-56　"联合点对象"操作

最后"封装"进入多边形阶段，修改三角形数量比点云数量稍少，修改完成后效果如图 10-57 所示。

10.5.4 多边形阶段

进入多边形阶段以后，可以明显看到路障球的数据缺失，运用"搭桥"和"内部孔"命令，选择曲率、切线和平面的修补方式，对表面孔进行填充，如图 10-58 所示。

图 10-57 "封装"后效果

图 10-58 修补孔

对模型的原有特征边界进行"松弛边界"操作，修改"松弛"的迭代次数，让边界变得更加光滑，更加像圆孔，方便后续的"拟合孔"命令操作，"松弛"边界前后的效果如图 10-59 所示。

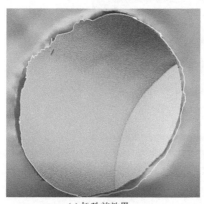
(a) 松弛前效果

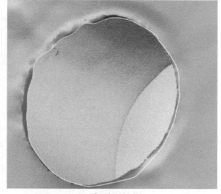
(b) 松弛后效果

图 10-59 "松弛"边界前后效果对比

"松弛"完原有特征孔之后就可以进行"拟合孔"操作，调节孔的最佳位置和直径，注意相同孔的直径特征统一，通过点击孔的边界进行拟合，拟合完成之后的孔如图 10-60 所示。

通过"砂纸"或者"去除特征"对路障球的模型进行光滑处理，这里要注意模型的曲率，路障球的球体曲率如果用"去除特征"进行操作，将严重影响原先形状，"砂纸"光滑处理后的模型如图 10-61 所示。

这时就可以使用"网格医生"对模型的不理想形状进行修补，以利于进入曲面阶段以后的操作，对话框如图 10-62 所示。

图 10-60 拟合孔效果

图 10-62 "网格医生"对话框

图 10-61 "砂纸"光滑效果

10.5.5 曲面阶段

点击"精确曲面"命令之后，构建曲面块，可以手动构建，也可以自动构建。之后对曲面块进行调整，构建的曲面路障球如图 10-63 所示。

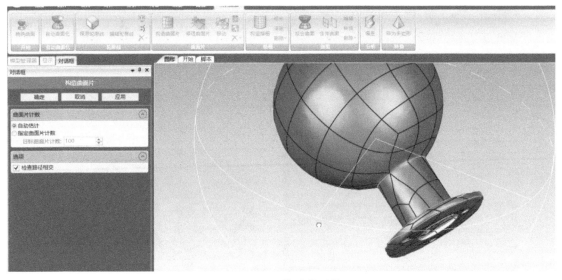

图 10-63 构建曲面块

然后开始修理曲面，通过移动红色的曲面线，来对曲面进行修复，过程比较繁琐，要求修复的曲面点四周的曲面都是四边形，修补过程如图 10-64 所示。

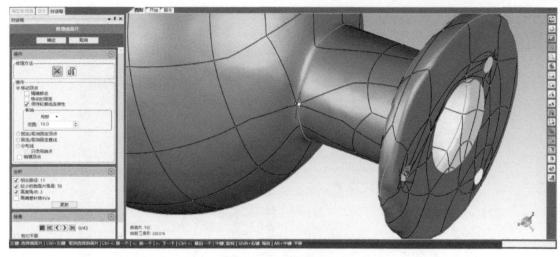

图 10-64　修复曲面块

　　修补完成之后"构建格栅"，让路障球的形状更加理想化，"构建格栅"以后系统会选定有问题的格栅，标记为红色，然后进行"松弛格栅"操作，以完成后续的构建 NURBS 曲线，"松弛格栅"效果如图 10-65 所示。

　　在确定曲面出现的问题已经修复以后，进行"构建曲面"操作，曲面构建完成之后为褐黄色，如图 10-66 所示。

　　选择另存为，保存为 *.igs 或者 *.iges 文件，进行重命名，保存界面如图 10-67 所示。

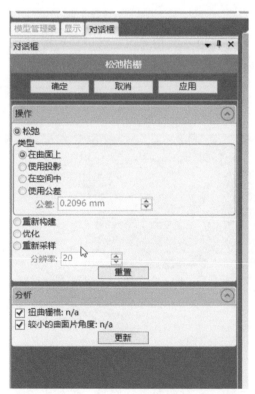

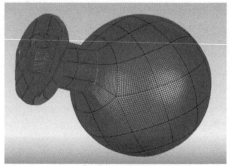

图 10-65　"松弛格栅"效果

图 10-66 曲面构建完成效果

图 10-67 另存为 *.iges 文件

10.5.6 正向建模软件中打开

打开 NX、CAD、Creo、SW 等正向建模软件，然后打开所保存的 *.iges 文件，进行操作，打开以后的效果如图 10-68 所示。

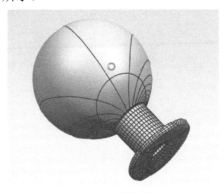

图 10-68 正向建模软件打开效果

参考文献

[1] 刘然慧，刘纪敏，等 . 3D 打印：Geomagic Design X 逆向建模设计实用教程 [M]. 北京：化学工业出版社 ,2017.

[2] 成思源，杨雪荣 . Geomagic Studio 逆向建模技术及应用 [M]. 北京：清华大学出版社，2016.

[3] 贾林玲 .Geomagic Studio 逆向工程技术及应用 [M]. 西安：西安交通大学出版社，2016.

[4] 杨晓雪，闫学文 . Geomagic Design X 三维建模案例教程 [M]. 北京：机械工业出版社，2016.

[5] 陈雪芳，孙春华 . 逆向工程与快速成型技术应用 [M]. 北京：机械工业出版社，2015.

[6] 成思源，杨雪荣 . Geomagic Design Direct 逆向设计技术及应用 [M]. 北京：清华大学出版社，2015.